桩基工程核心理论与工程实践研究

孙华银　著

U0221913

中国水利水电出版社
www.waterpub.com.cn
·北京·

内 容 提 要

随着国民经济的发展,建筑工程项目蒸蒸日上,桩基础在不同工程领域中均有广泛应用。本书以桩基础的设计与计算为主,辅以桩基施工与检测内容,选用较成熟的理论及实践中常用的方法,对桩基工程的相关理论与工程实践进行研究。

本书主要内容包括单桩承载力与变形、群桩承载力与变形、桩基沉降计算、桩基设计、桩基施工、桩基检测等。

本书结构合理,条理清晰,内容丰富新颖,可供建筑设计、建筑施工等相关工程技术人员参考使用。

图书在版编目(CIP)数据

桩基工程核心理论与工程实践研究/孙华银著. —
北京:中国水利水电出版社,2019.12 (2021.9重印)
 ISBN 978-7-5170-8356-6

Ⅰ.①桩… Ⅱ.①孙… Ⅲ.①桩基础 Ⅳ.
①TU473.1

中国版本图书馆 CIP 数据核字(2019)第 280379 号

书　　名	桩基工程核心理论与工程实践研究
	ZHUANGJI GONGCHENG HEXIN LILUN YU GONGCHENG SHIJIAN YANJIU
作　　者	孙华银　著
出版发行	中国水利水电出版社
	(北京市海淀区玉渊潭南路 1 号 D 座 100038)
	网址:www.waterpub.com.cn
	E-mail:sales@waterpub.com.cn
	电话:(010)68367658(营销中心)
经　　售	北京科水图书销售中心(零售)
	电话:(010)88383994、63202643、68545874
	全国各地新华书店和相关出版物销售网点
排　　版	北京亚吉飞数码科技有限公司
印　　刷	三河市元兴印装有限公司
规　　格	170mm×240mm　16 开本　17.5 印张　227 千字
版　　次	2020 年 6 月第 1 版　2021 年 9 月第 2 次印刷
印　　数	0001—2000 册
定　　价	86.00 元

前　言

万丈高楼平地起,基础必须要牢固。桩基础是建筑工程、桥梁工程、港口工程和海洋工程中的主要基础形式之一,在我国有着广泛的应用。桩基础取代传统的基础形式,大大提升了各类基础设施建造的技术水平、经济水平和效率水平。以往跨越江、河、湖、海的桥基多采用沉箱、沉井、围堰施工,如今则基本被大直径灌注桩、预制桩、钢桩所取代。长达 36 千米的世界第一跨海大桥——杭州湾大桥等大型桥梁工程,以及海上采油平台、输油管支架、栈桥等,如果不采用桩基,其建造难度简直不可想象。桩基技术的产生促进了相关领域的发展,形成了相互渗透、相互交融的格局(比如由圆形钻孔灌注桩到机挖矩形、异形桩,再进一步衍生为地下连续墙,其功能由竖向承载发展为侧向支挡与地下永久性墙体结合)。近十年来各种新桩型、新工艺、新技术不断得到开发,桩基工程在各类工程建设领域中的作用也越来越大、越来越突出,桩基工程呈现出了蓬勃发展的繁荣之势。

桩基工程是一门实践性和理论性都很强的学科。但目前桩基础的工程实践和理论研究还存在一些脱节,导致桩基础在应用中出现了不少问题,如某些房屋基础由于设计和施工不当出现沉降过大或不均匀沉降,给国家和人民造成了巨大的经济损失。因此,加强相关专业人员的培训与培养是一项崇高而艰巨的事业。设计施工人员不仅要依据相关规范,还需从桩基工程的基本原理出发,综合考虑上部结构荷载、地质条件、施工技术及经济条件等因素,才能保证桩基础的安全、经济、合理及施工的方便、环保。

作者在多年的桩基工程实践中,深感桩基工程的不易与重要,只有不断地积累经验、不断地深入研究其科学规律才能把握住桩基工程的脉搏,才能确保桩基工程的顺利进行和承载结构的长治久安,鉴于此,不揣浅陋撰写了此书。

全书共分7章。第1章为桩基工程概述,第2章为单桩承载力与变形,第3章为群桩承载力与变形,第4章为桩基沉降计算,第5章为桩基设计,第6章为桩基施工,第7章为桩基检测。

本书以桩基础的设计与计算为主,辅以桩基施工与检测内容,选用较成熟的理论及实践中常用的方法,力求内容体系完整、基本概念清晰、理论叙述简明、设计方法成熟实用。

本书在撰写过程中参考和引用了国内外桩基工程的相关文献资料,吸收了许多前人及当代人的宝贵经验和认识,谨此向这些作者表示衷心的感谢。

由于作者水平有限,书中难免存在疏漏之处,恳请读者提出批评和建议。

作　者

2019 年 9 月

目　　录

第1章 桩基工程概述

建筑物都是建造在一定的地层上的,其荷载都是由它下面的地层来承担。受建筑物荷载影响的那部分地层称为该建筑物的地基,建筑物向地基传递荷载的下部结构则称为基础。基础分为浅基础和深基础两大类,二者之间并没有一个明确的深度界限,主要是从施工方法方面来判别的。当基础埋置深度不大,可以采用比较简便的施工方法建造,即只需经过挖坑、排水、浇筑基础等施工工序就可以建造的基础统称为浅基础;反之,当基础埋置深度较大,需要采用特殊施工方法来建造的基础称为深基础。桩基础属于深基础的一种,拥有悠久的历史和广泛的应用。

1.1 桩基的概念及其特性

1.1.1 桩基的概念

桩是深入土层的柱形杆件,其作用是将上部结构的荷载传递给土层或岩层。桩基础简称桩基,一般是指利用设置在地基中的桩(或墩)来加固地基时,由桩和承台(图 1-1)组成的,通讨承台把若干根桩的顶部连接成整体,共同承受荷载的一种深基础。基桩特指桩基础中的单桩。

1.1.2 桩的特性

桩的特性如下。

（1）由于桩基需要承受较大的载荷，因此具有比较大的整体性和刚度，能承受较大的载荷，能适应高、重、大建筑物的要求。

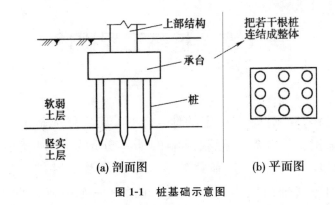

图 1-1　桩基础示意图

（2）桩与土层接触后，能够将载荷传递给桩周围的土体，能够获得较高的承载能力来支撑建筑物。

（3）桩的适应性很强，桩具有的性质与制作材料和方法有很大关系，即使是在台风或地震等恶劣情况下，也能够保持建筑物的安全。

（4）基桩通过作用于桩尖（或称桩端、桩底）的地层阻力（或称桩端阻力）及作用于桩侧面的桩周土层的摩阻力（或称桩侧阻力）来支承竖向荷载，依靠桩侧土层的侧向阻力来支承水平荷载。

1.2　桩基的分类

若承台下只用 1 根桩（通常为大直径桩）来承受和传递上部结构（通常为柱）荷载，这样的桩基础称为单桩基础；若承台下有 2 根及 2 根以上基桩组成的桩基础，则为群桩基础。

1.2.1　按桩身材料分类

根据桩身材料，可将桩分为木桩、混凝土桩、钢桩、组合材料桩。

木桩一般需经防腐处理,适用于水位以下,目前只用于临时性工程;混凝土桩指由素混凝土、钢筋混凝土或预应力钢筋混凝土制成的桩;钢桩指采用钢材制成的钢管桩和 H 形钢桩;组合材料桩指由两种材料组合而成的桩,如钢管混凝土桩、桩身分段桌用木桩、钢桩或混凝土桩。

1.2.2　按成桩方法分类

根据成桩方法(施工工艺),可将桩分为预制桩和灌注桩两大类。

1. 预制桩

预制桩施工包括制桩和沉桩两个阶段。首先在工厂或施工现场预先制作成桩,然后由机械将桩打入、压入或振入土中进入持力层。常见型号和规格如下。

(1) 钢筋混凝土实心方桩和空心方桩(静压法)最常见断面尺寸为 300mm×300mm～500mm×500mm;工厂预制长度 $L \leqslant$ 12m,现场制作长度可达 25～30m。接桩的方法有钢板角钢焊接、法兰盘螺栓连接和硫黄胶泥锚固等。

(2) 预应力钢筋混凝土空心方桩常见截面为 500mm× 500mm 和 600mm×600mm;PHC 管桩(高强度预应力管桩)常见截面外径为 ϕ500mm、ϕ600mm、ϕ800mm、ϕ1000mm,壁厚 90～ 130mm。桩段长 8～15m,接桩采用端板电焊或螺栓连接等。

(3) 钢桩主要有钢管桩和 H 形钢桩两种类型。钢管桩系由钢板卷焊而成,常见直径有 ϕ406mm、ϕ609mm、ϕ914mm、ϕ1200mm,壁厚通制为 10～20mm。工厂预制桩段长度 $L \leqslant$15m。

2. 灌注桩

灌注桩施工是先成孔然后再灌注成桩。按成孔方式有钻孔灌注桩、沉管灌注桩和人工挖孔灌注桩。钻孔灌注桩常见规格是 ϕ600～ϕ100mm,可达 ϕ2m 以上,桩长 L 可达 100m 以上。沉管灌

注桩常见规格有 $\phi325$、$\phi377$、$\phi425$、一般桩长 $L\leqslant30\text{m}$。

灌注桩的成桩技术日新月异,就其成桩过程中桩、土的相互影响特点大体可分为三大基本类型:非挤土灌注桩、挤土灌注桩、部分挤土灌注桩。每一基本类型又包含多种成桩方法(工法),如图 1-2 所示。[①]

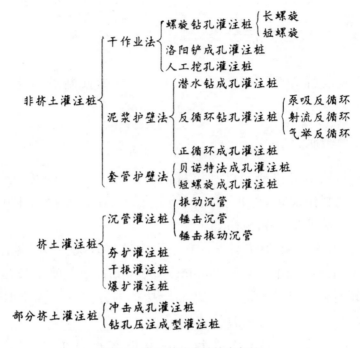

图 1-2 灌注桩的成桩技术归纳

1.2.3 按桩的几何尺寸及特征分类

根据桩径 d 的大小可将桩分为小直径桩($d\leqslant250\text{mm}$)、中等直径桩($250\text{mm}<d<800\text{mm}$)及大直径桩($d\geqslant800\text{mm}$)。

根据桩的截面形状主要分为圆形、方形、矩形、三角形及 H 形截面桩等。

根据桩尖(端)形式分为锥形桩、平底桩、扩头桩。

---

① 段新胜,顾湘.桩基工程[M].3 版.武汉:中国地质大学出版社,1998.

1.2.4　按桩基的承载性状分类

根据桩基的承载功能可将桩分为摩擦桩和端承桩。

摩擦桩的桩顶荷载主要由桩侧阻力承受,并考虑桩端阻力。摩擦桩完全设置在软弱土层中,上部结构的载荷由桩尖阻力和桩身侧面与地基土之间的摩擦阻力共同承受,施工时以控制桩尖设计标高为主。

端承桩的桩顶荷载主要由桩端阻力承受,并考虑桩侧阻力。端承桩是穿过软弱土层而达到坚硬土层或岩层上的桩,上部结构荷载主要由岩层阻力承受;施工时以桩尖进入持力层深度或桩尖标高为主。

如图 1-3 所示,摩擦桩应以设计桩长控制成孔深度;端承桩必须保证设计桩长及桩端进入持力层深度。当采用锤击沉管法成孔时,桩管入土深度控制以标高为主、以贯入度控制为辅;当采用钻(冲)、挖掘对端承桩成孔时,必须保证桩孔进入设计持力层的深度;当采用锤击沉管法成孔时,沉管深度控制以贯入度为主,设计持力层标高对照为辅。[①]

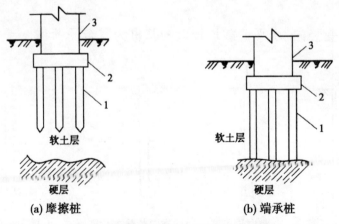

(a) 摩擦桩　　　　　　　　　(b) 端承桩

图 1-3　摩擦桩与端承桩在土层中的结构

1—桩;2—承台;3—上部结构

---

① 穆保岗.桩基工程[M].南京:东南大学出版社,2009.

1.2.5 按桩的使用功能分类

1. 竖向抗压桩

各类建筑物、构筑物的桩基础大都以承受竖向荷载为主,故基桩桩顶以轴向压力荷载为主,如图 1-4(a)所示。

2. 竖向抗拔桩

水下建筑抗浮力桩基、牵缆桩基、输电塔和微波发射塔桩基等,其主要功能以抵抗拔力为主,故基桩桩顶以轴向拔力荷载为主,如图 1-4(b)所示。

3. 水平受荷桩

外荷载以力或力矩形式作用于与桩身轴线相垂直的方向(横向)时,为水平受荷桩或称为横向荷载桩,如图 1-4(c)、图 1-4(d)所示。

4. 复合受荷桩

所受竖向、水平荷载均较大的基桩为复合受荷桩。

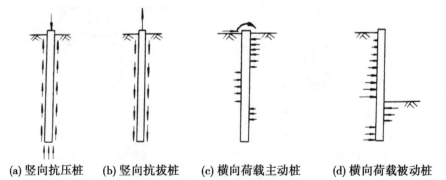

(a) 竖向抗压桩　　(b) 竖向抗拔桩　　(c) 横向荷载主动桩　　(d) 横向荷载被动桩

图 1-4　不同功能的桩

1.2.6 按桩轴方向分类

根据桩轴方向,基桩可分为竖直桩、单向斜桩和多向斜桩,如图 1-5 所示。竖直桩能承受较大的竖向荷载,同时也可承受一定的水平荷载,工业民用建筑大多以承受竖向荷载为主,因而多用竖直桩。斜桩的特点是能够承受较大的水平荷载,但需要有相应的施工设备和工艺,如桥梁工程中的拱桥墩台等推力体系结构物中的桩基往往通过设置斜桩来承受上部结构传来的较大的水平荷载。

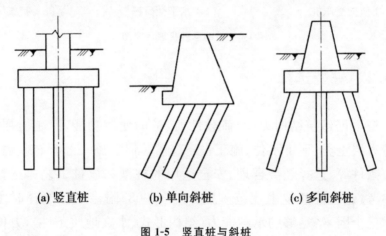

(a) 竖直桩　　　　(b) 单向斜桩　　　　(c) 多向斜桩

图 1-5　竖直桩与斜桩

1.3　桩的作用及桩型选择

1.3.1　桩的作用

桩的承载功能主要是在保证自身结构强度的前提下将其承担的荷载传递给地基。

(1)承受竖向压力荷载时,桩身通过桩端阻力和桩侧摩阻力将桩顶竖向荷载传递给地基,如图 1-6(a)所示。

(2)承受水平荷载时,桩身通过桩侧土层的侧向抗力将桩顶水平荷载传递给地基,如图 1-6(b)所示。

（3）承受上拔荷载时,桩身主要通过桩侧摩阻力将桩顶上拔荷载传递给地基,如图 1-6(c)所示。

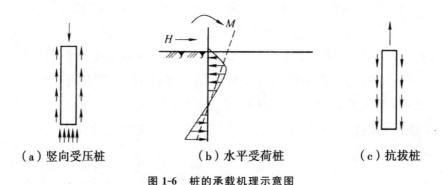

（a）竖向受压桩　　　　　　（b）水平受荷桩　　　　　　（c）抗拔桩

图 1-6　桩的承载机理示意图

1.3.2　桩型选择

应根据建筑结构类型、荷载性质、桩的使用功能、穿越土层、桩端持力层土类、地下水位、施工设备、施工环境、施工经验、制桩材料供应条件等,选择经济合理、安全适用的桩型和成桩工艺。选择时可参考《建筑桩基技术规范》(JGJ 94—2008)附录 A。选择时主要考虑三个因素:足够的承载能力(结构形式、水文地质条件),方便的桩基施工(场地环境、施工水平、设备运输条件),合理的经济指标。

1.4　桩基工程现状及其发展趋势

1.4.1　桩基工程的现状

桩基础可以说是土木工程学科中一个古老的领域。我们的祖先在 6000 多年前就开始采用木桩作为干栏式建筑的支承构件,浙江河姆渡遗址考古发掘出的规则排列的圆形和矩形木桩就是一个很好的例证,20 世纪 30 年代建造的上海最高建筑——上海国际饭店采用的就是木桩基础。随着混凝土及钢铁材料的出现和制造业的进步,桩基技术的发展突飞猛进,从桩的几何尺寸到单桩承载力、从成桩工艺与设备到桩型与应用范围都发生了巨大的变化,桩基技术显示出蓬勃发展的生机和广阔的发展前景。

目前,经过十多年的施工技术的发展和新规范的修编,出现了许多桩基新技术。通过中国建筑科学研究院地基所等众多基础研究机构研究人员,清华大学、浙江大学、同济大学、河海大学等众多高校教师,全国众多设计单位和施工单位的大量技术人员的共同努力,我国桩基工程研究和设计施工水平上了一个新的台阶。目前桩基工程的最新进展可简要概括为以下几方面。

(1) 在桩基础的施工工艺和施工技术方面,新桩型、新工艺不断涌现并应用于工程实践中。如桩端(侧)后注浆技术、长螺旋压灌灌注桩、挤扩支盘桩等新技术、新桩型的应用日益增多;为满足超高层建筑及特大桥梁等工程建设的需要,大桩径超长桩的使用越来越多;随着人们对建筑环境保护要求越来越高,一些新的环保施工技术也将得到快速发展。

(2) 在设计计算方面,一些新的设计理念、设计方法及设计软件不断发展完善。如桩基础的变形控制设计理论与变刚度设计方法、桩基与上部结构共同作用理论及其设计方法、复合疏桩基础设计方法、复合受荷桩的计算、为适应新桩型发展而提出的一些计算方法等,使桩基设计更趋安全经济合理。

(3) 在桩基础的试验与检测方面,先进的测试技术及测试设备将有力支持桩基工程的试验研究和工程测试。如各类室内模型试验、室内离心试验、现场大吨位载荷试验以及现场桩基检测等的测试技术和测试水平都在不断提高。

1.4.2　桩基工程的发展趋势

1. 新桩型不断出现

近年的工程实践极大地推动了一些传统桩型和新桩型的发

展,包括注浆桩、挤扩支盘灌注桩、预应力混凝土竹节桩、大直径筒桩、碎石型锤击灌注桩、大直径钻埋空心桩等。这些新桩型的出现能够使桩基更好地适应各种地质情况。

2. 向大直径超长发展

随着高层、超高层建筑物以及跨江、跨海特大桥梁的建设,上部结构对桩基础承载力与变形的要求越来越高,桩径越来越大,桩长越来越长,使桩出现了向超长、大直径方向发展的趋势。

3. 向工厂化制作方向发展

近年来,一些类型的桩基正向着工厂化生产的趋势发展,而工厂化生产也促使这些桩型在工程建设中被广泛地大规模使用。

如先张法预应力混凝土管桩(以下简称管桩)在我国使用已有十余年。随着建筑业蓬勃发展,管桩以工厂化生产、产品质量稳定、施工速度快、施工中无泥浆污染、施工周期短及经济性价比好等优点,在国内基础工程中,尤其在沿海软土地区的多层和小高层建筑工程中被广泛应用。

4. 向微型桩方向发展

小桩又称微型桩或 IM 桩,是法国索勒唐舍(SOLET-ANCHE)公司开发的一种灌注技术。小桩及锚杆静压桩技术主要用于老城区改造、老基础托换加固、建筑物纠偏加固、建筑物增层等需要。小桩实质上是压力注浆桩,桩径为 $70\sim250$ mm(国内多用 250mm),长径比大于 30(国内桩长多用 $8\sim12$ m,长径比通常为 50 左右),采用钻孔(国内多用螺旋钻成孔)、强配筋(配筋率大于 1%)和压力注浆(注浆压力为 $1.0\sim2.5$ MPa)工艺施工。锚杆静压桩的断面为 $200\times200\sim300\times300$($mm^2$);桩段长度取决于施工净空高度和机具情况,通常为 $1.0\sim3.0$ m,桩入土深度为 $3\sim30$ m。[①]

---

① 刘明维.桩基工程[M].北京:中国水利水电出版社,2015.

5. 向组合桩方向发展

近年来,随着社会要求和施工条件的变化,工程对桩基的要求越来越高,开始出现组合式工艺桩,主要包括刚柔复合桩组合(桩与刚性混凝土承台不直接接触,桩基设计按复合桩基设计)、长短桩组合、咬合桩组合、桩长度方向上的组合等。

6. 桩基理论研究发展

近年来,桩基理论的研究发展迅速,对于桩基受力性状、承载力及沉降等的解析分析、数值分析、试验分析以及工程实测分析等方法也得到了快速的发展,使得桩基工程理论的研究有了一个更好的平台。

计算机数值分析方法的不断进步更为桩基的数值模拟提供了一个平台,不仅用于对桩基受力机理的研究,更出现了各种可以体现桩—土—上部结构共同作用的桩基优化设计的软件程序等,为桩基理论与应用搭建了一座桥梁。

试验分析上也出现了越来越多的方法,如室内离心试验、各类模型试验等,通过安装精密的应力、应变、位移及其他测试装置,可以对桩基受力机理的各种规律进行模拟研究。再如对桩土界面的试验研究,引入损伤力学原理及微观显微观测技术,进一步揭示了桩土之间的破坏规律与原理。试验技术、试验设备的不断发展也带动了桩基试验分析的不断进步。

工程实测分析的发展,一是得益于桩基工程实践的不断发展,如桩基朝着大直径超长发展从而促进了工程实测分析对大直径超长桩的测试与研究,再如随着各类异型桩、挤扩支盘灌注桩的发展,对其的测试与受力性状的分析也不断地发展;二是得益于工程测试技术的不断发展,如各类应力、应变、变形测试器材的发明,各类测试方法设备的进步等,为测试分析方法的发展提供了基础。

第2章 单桩承载力与变形

本章主要对桩基工程中的单桩进行介绍,主要包括单桩分别在竖向承载力和水平承载力作用下各自性状分析及承载力的确定方法。单桩是桩基工程中较为简单的一部分,了解单桩的相关知识有助于更好地掌握群桩的相关知识。

2.1 单桩竖向极限承载力的概念

单桩极限承载力是指单桩在荷载作用下达到破坏状态前或出现不适于继续承载的变形前所对应的最大荷载。它取决于土对桩的支承阻力和桩身承载力。单桩竖向极限承载力 Q_{uk} 为桩土体系在竖向荷载作用下所能长期稳定承受的最大荷载。

由土对桩的支承阻力计算的单桩竖向极限承载力为

$$Q_{uk} = Q_{sk} + Q_{pk} \tag{2-1-1}$$

式中:Q_{uk} 为单桩竖向极限承载力标准值(kN);Q_{sk}、Q_{pk} 分别为单桩的总极限侧阻力标准值和总极限端阻力标准值(kN)。

单桩竖向破坏承载力是指单桩竖向静载试验时桩发生破坏时桩顶的最大试验荷载,它比单桩竖向极限承载力高一级。单桩的破坏方式有桩端土刺入破坏和桩身混凝土破坏两种。

单桩竖向承载力特征值为单桩竖向极限承载力除以安全系数 K,《建筑桩基技术规范》(JGJ 94—2008)规定 $K=2.0$。

单桩安全系数 K 的意义是指让基础中的桩处于设计确定的

正常使用状态以保证建筑物的长期安全。但安全系数 $K=2.0$ 的定义也意味着设计单桩竖向承载力特征值越大,其安全储备也越大。

2.2 单桩竖向承载力的确定方法

2.2.1 静载荷试验法

1. 试验装置

静载荷试验装置主要由加载系统和量测系统组成,如图 2-1 所示。加载系统由液压千斤顶及其反力系统组成,后者包括主、次梁及锚桩。反力系统的锚桩可采用锚桩压重联合反力装置[图 2-1(a)],也可采用压重平台[图 2-1(b)]。量测系统主要由千斤顶上的精密压力表或荷载传感器(量测荷载大小)及百分表或电子位移计(测试桩顶沉降)等组成。

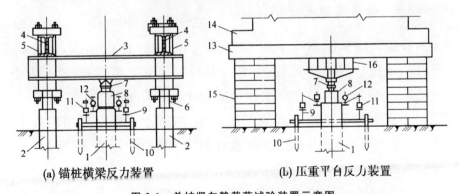

(a) 锚桩横梁反力装置 (b) 压重平台反力装置

图 2-1 单桩竖向静载荷试验装置示意图

1—试桩;2—锚桩;3—主梁;4—次梁;5—拉杆;6—锚筋;7—球座;

8—液压千斤顶;9—基准梁;10—基准桩;11—磁性表座;12—位移计;

13—载荷平台;14—压载;15—支墩;16—托梁

2. 试验方法

一般采用逐级等量加载慢速维持荷载法。分级荷载一般按最大加载量或预估极限荷载的 1/10 施加,第一级荷载可加倍施加。每级加载后,按第 5min、10min、15min、30min、45min、60min,以后按 30min 间隔测读桩顶沉降量。当每小时沉降不超过 0.1mm,并连续出现 2 次,则认为沉降已达到相对稳定,可加下一级荷载。达到一定的条件时,应终止加载,加载终止后应进行卸载,每级卸载量按每级加载量的 2 倍控制,并按 15min、30min、60min 测读回弹量,然后进行下一级的卸载。全部卸载后,隔 3~4h 再测回弹量一次。

静载荷试验方法还有循环加卸载法(每级荷载相对稳定后卸载到零)和快速维持荷载法(每隔 1h 加一级荷载)。如果有选择地在桩身某些截面(如土层分界面的上与下)的主筋上埋设钢筋应力计,在静载荷试验时,可同时测得这些截面处主筋的应力和应变,进而可进一步得到这些截面的轴力、位移,从而可算出两个截面之间的桩侧平均摩阻力。

3. 试验结果确定

静载荷试验结果可采用 Q-S 曲线和 S-$\lg t$ 曲线表示,前者表示桩顶荷载与沉降量关系,后者表示对应荷载下沉降量随时间变化关系。根据二者的变化曲线可确定单桩极限承载力。

Q-S 曲线上突然下降的点和 S-$\lg t$ 曲线上尾部突然明显向下弯曲的点对应的即为单桩极限承载力。图 2-2 所示为单桩静载荷试验曲线。

当各试桩条件基本相同时,单桩竖向极限承载力标准值可按下列统计方法确定:参加统计的试桩,当满足其极差不超过平均值的 30% 时,可取其平均值为单桩竖向极限承载力标准值,对试桩数为 3 根及 3 根以下的柱取最小值;当极差超过平均值的 30% 时,应查明原因,必要时宜增加试桩数。

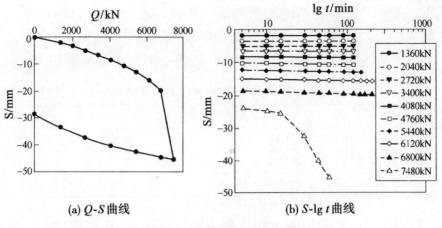

(a) $Q\text{-}S$ 曲线　　　　(b) $S\text{-}\lg t$ 曲线

图 2-2　单桩静载荷试验曲线

2.2.2　经验公式法

1. 按桩侧土和桩端土指标确定单桩竖向极限承载力

根据地质资料,单桩极限承载力 Q_u 由总极限侧阻力 Q_{su} 和总极限端阻力 Q_{pu} 组成,若忽略二者间的相互影响,可表示为

$$Q_u = Q_{su} + Q_{pu} = u_t \sum l_t q_{sut} + A_p q_{pu} \qquad (2\text{-}2\text{-}1)$$

式中:l_t 为桩周第 i 层厚度;u_t 为桩周第 i 层的桩身周长;A_p 为桩端底面积;q_{sut}、q_{pu} 分别第 i 层土的极限侧阻力和持力层极限端阻力。

2. 根据桩身混凝土强度确定单桩抗压承载力值

(1)桩身混凝土强度应满足桩的承载力设计要求,根据《建筑地基基础设计规范》(GB 50007—2011)第 8.5.9 条、《建筑桩基技术规范》(JGJ 94—2008)第 5.8.2 条规定(不考虑钢筋时),荷载效应基本组合下单桩桩顶轴向压力设计值为

$$N = \psi f_c A_p \qquad (2\text{-}2\text{-}2)$$

式中:f_c 为桩身混凝土轴心抗压强度设计值(kPa)(表 2-1);ψ 为

工作条件系数,《建筑地基基础设计规范》灌注桩取 0.6~0.7,基桩成桩工艺系数,《建筑桩基技术规范》灌注桩一般取 0.7~0.8,具体取值规定可参见上述规范;A_p 为桩身混凝土截面面积。

表 2-1　混凝土抗压强度标准值 f_{ck} 与设计值 f_c　　　　单位:kPa

强度种类	混凝土强度等级													
	C15	C20	C25	C30	C35	C40	C45	C50	C55	C60	C65	C70	C75	C80
f_{ck}	10.0	13.4	16.7	20.1	23.4	26.8	29.6	32.4	35.5	38.5	41.5	44.5	47.4	50.2
f_c	7.2	9.6	11.9	14.3	16.7	19.1	21.1	23.1	25.3	27.5	29.7	31.8	33.8	35.9

（2）考虑桩身混凝土强度和主筋抗压强度,确定荷载效应基本组合下单桩桩顶轴向压力设计值（桩基规范）

$$N = \psi_c f_c A_{ps} + \beta f_y A_s \tag{2-2-3}$$

式中:f_c 为桩身混凝土轴心抗压强度设计值(kPa);A_{ps} 为扣除主筋截面积后的桩身混凝土截面积;A_s 为钢筋主筋截面积之和;β 为钢筋发挥系数,$\beta=0.9$;f_y 为钢筋的抗压强度设计值,见表 2-2;ψ_c 为基桩成桩工艺系数,《建筑桩基技术规范》灌注桩一般取 0.7~0.8。

表 2-2　普通钢筋抗压强度设计值 f_y 与标准值 f_{yk}

种类	f_y/MPa	f_{yk}/MPa
一级钢	210	235
二级钢	300	335
三级钢	360	400

（3）根据荷载效应基本组合下单桩桩顶轴向压力设计值 N 确定桩身受压承载力极限值。

《建筑桩基技术规范》条文解释 5.8 节第 4 款,根据大量静载试桩统计资料,先算基桩设计值,再来估算试桩抗压极限承载力

$$Q_u = \frac{2N}{1.35}$$

式中:N 由式(2-2-3)计算。

设计时必须根据上部结构传递到单桩桩顶的荷载和地质资

料来设计桩径和桩身混凝土强度。

（4）钢管桩承载力。当根据土的物理指标与承载力参数之间的经验关系确定钢管桩单桩竖向极限承载力标准值时，可按下式计算

$$Q_{uk} = Q_{sk} + Q_{pk} = u \sum l_t q_{stk} + \lambda_p A_p q_{pk} \qquad (2\text{-}2\text{-}4)$$

式中：q_{stk}、q_{pk} 取与混凝土预制桩相同值；λ_p 为桩端闭塞效应系数。

对于闭口钢管桩 $\lambda_p = 1$。对于敞口钢管桩，当 $h_b/d_s < 5$ 时，$\lambda_p = 0.16 h_b/d_s$；当 $h_b/d_s \geqslant 5$ 时，$\lambda_p = 0.8$；h_b 为桩端进入持力层深度。

对于带隔板的半敞口钢管桩，以等效直径 d_e 代替 d_s，确定 λ_p。$d_e = d_s \sqrt{n}$，其中 n 为桩端隔板分割数，如图 2-3 所示。

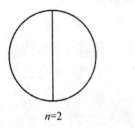 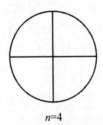 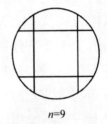

图 2-3 隔板分割

（5）预应力管桩承载力。当根据土的物理指标与承载力参数之间的经验关系确定敞口预应力混凝土管桩单桩竖向极限承载力标准值时，可按下式计算

$$Q_{uk} = Q_{sk} + Q_{pk} = u \sum l_t q_{stk} + q_{pk}(A_p + \lambda_p A_{pl}) \quad (2\text{-}2\text{-}5)$$

式中：q_{stk}、q_{pk} 取与混凝土预制桩相同值；A_p、A_{pl} 分别为管桩桩端净面积和敞口面积；λ_p 为桩端闭塞效应系数。当 $h_b/d_1 < 5$ 时，$\lambda_p = 0.16 h_b/d_1$；当 $h_b/d_1 \geqslant 5$ 时，$\lambda_p = 0.8$，d_1 为管桩直径。

2.2.3 动力法

动力法是根据桩体被激振以后的动力响应特征来估计单桩

承载能力的一种间接方法,包括打桩公式和动测法。

1. 打桩公式

打入桩凭借桩锤的锤击能量克服土阻力而贯入土中,贯入度(每一击使桩贯入土中的深度)越小,意味着土阻力越大,因此可以通过能量分析来判定桩的承载力。根据能量守恒的基本原理,可以用下式表述

$$QH = Re + Qh + \alpha QH \tag{2-2-6}$$

式中:Q 为锤重(kg);H 为落距(m);R 为上阻力(kg);e 为贯入度(m);h 为桩锤回弹高度(m);α 为损耗系数,各种公式根据各自的经验和假定作出各自的规定。

这类公式中较常见的有,美国的"工程新闻"公式以及苏联的格尔榭万诺夫(H. M. Gerxiewanof)公式和英国希利(Hiley)公式。由于土质条件千差万别,打桩设备(桩锤和锤垫)的构造与性能各不相同,桩和桩垫的材料与结构千变万化,以至这类公式各种各样,多达四五百种,各个公式的结果往往相差悬殊。因此,在设计上一般不能用以确定桩的承载力。不过,在积累了丰富经验时,可根据实测复打贯入度,利用打桩公式估算单桩承载力;也可按照预期单桩承载力求算最小贯入度,并以此作为施工中停锤的控制标准。

2. 动测法

动测法系指桩的动力测试法,它是通过测定桩对所施加的动力作用的响应来分析桩的工作性状的一类方法的总称。一般将动测法分为高应变动测法和低应变动测法。常见的史密斯(Smith)法、凯司(Case)法以及锤击贯入法等都属于高应变动测法,这类方法能够使桩之间发生相对位移。常见的桩基参数动测法、机械阻抗法、共振法和水电效应法等属于低应变动测法,这类方法只能使桩之间发生某种程度的弹性变形,不能发生相对位移。在实践中,应用高应变动测法较多。

（1）锤击贯入法。锤击贯入法（简称锤贯法）是指用一定质量的重锤以不同的落距由低到高依次锤击桩顶，同时用力传感器量测桩顶锤击力，用百分表量测每次贯入所产生的贯入度，通过对测试结果的分析，以确定单桩的承载能力的一种动测方法。

在工程实践中，人们从直观上认识到对于场地、桩型和打桩设备相同的情况，容易将桩打入土中，表明土对桩的阻力小，桩的承载力低；不易打入土中则表明土对桩的阻力大，桩的承载力高。因此，打桩过程中最后几击的贯入度常作为沉桩的重要控制标准。说明桩的静承载力和其贯入过程中的动阻力是密切相关的，这就是用锤击贯入法确定单桩承载力的物理机制。

锤贯法试验仪器和设备由锤击装置、锤击力量测和记录设备、贯入度量测设备 3 部分组成。锤击装置包括重锤、落锤导向柱、起重机具等。重锤应质量均匀、形状对称、锤底平整光滑，并宜整体铸造，锤的重量宜按 10kN、20kN、30kN、40kN 系列选择制作。试验时所选用落锤重量不宜小于预估的试桩极限承载力值的 1/10；锤垫宜采用（2＋6）cm 厚度的纤维夹层橡胶板，试验过程中如果发现锤垫已损伤或材料变性要及时更换。锤击力量测和记录设备主要有锤击力传感器、动态电阻应变仪和光线示波器；贯入度量测设备大多使用分度值为 0.01mm 的百分表的磁性表座。

锤贯法试桩之前应收集工程概况、试桩区域内场地工程地质勘察报告、桩基础施工图、试桩施工记录。

检测前对试桩进行必要的处理是保证检测结果准确、可靠的重要手段。试桩要求主要包括以下几个方面。

1）试桩数量。试桩应选择具有代表性的桩进行，对工程地质条件相近及桩型、成桩机具和工艺相同的桩基工程，试桩数量不宜少于总桩数的 2％，并不应少于 5 根。

2）从沉桩至试验时间间隔。从沉桩至试验时间间隔可根据桩型和桩周土性质来确定。对于预制桩，当桩周土为碎石类土、砂土、粉土、非饱和黏性土和饱和黏性土时，相应的时间间隔分别为 3d、7d、10d、15d、20d；对于灌注桩，一般要在桩身强度达到要求后再试验。

3）桩头处理。为便于测试仪表的安装和避免试验对桩头的破坏，对于灌注桩和桩头严重破损的预制桩，应按下列要求对桩头进行处理。桩头宜高出地面 0.5m 左右，桩头平面尺寸应与桩身尺寸相当，桩头顶面应水平、平整；将损坏部分或浮浆部分剔除，然后再用比桩身混凝土强度高一个强度等级的混凝土，把桩头接长到要求的标高。桩头主筋应与桩身相同，为增强桩头抗冲击能力，可在顶部加设 1~3 层钢筋网片。

4）检测结果可用于确定单桩极限承载力。锤击贯入试验时，在软黏土地中可能使桩间土产生压缩，在黏土和砂土中，贯入作用会引起孔隙水压力上升，而孔隙水压力的消散是需要一定时间的，这都会使得贯入试验所确定的承载力比桩的实际承载力降低；在风化岩石和泥质岩石中，桩周和桩端岩土的蠕变效应会导致桩承载力的降低，贯入法确定的单桩承载力偏高。在应用贯入法确定单桩承载力时，这些问题，应当注意。在实际工程中，确定单桩承载力的方法主要有以下几种：

A. Q_d-Σe 曲线法。首先根据试验原始记录表的计算结果做出锤击力与桩顶累计入度 Q_d-Σe 曲线，Q_d-Σe 曲线上第二拐点或 $\log Q_d$-Σe 曲线上陡降起始点所对应的荷载即为试桩的动极限承载力 Q_{du}，试桩的静极限承载力为

$$Q_{su} = Q_{du}/C_{dsc} \qquad (2\text{-}2\text{-}7)$$

式中：Q_{su} 为 Q_d-Σe 曲线法确定的试桩静极限承载力（kN）；Q_{du} 为试桩的动极限承载力（kN）；C_{dsc} 为动、静极限承载力对比系数。

动静对比系数 C_{dsc} 与桩周土的性质、桩型、桩长等因素有关，可由桩的静载荷试验与动力试验结果的对比得到。

B. 经验公式法。对于单击贯入度大于 2.0mm 的各击次可按下式计算单次的静极限承载力

$$Q_{sui}^f = \frac{1}{C_{ds}^f} \frac{Q_{di}}{1 + S_{di}}$$

式中:Q_{sui}^f 为经验公式法确定的试桩第 i 击次的静极限承载力
(kN);Q_{di} 为第 i 击次的实测桩顶锤击力峰值(kN);S_{di} 为第 i 击次
的实测桩顶贯入度(mm);C_{ds}^f 为动、静极限承载力对比系数。

如参加统计的单击贯入度大于 2.0mm 的击次不少于 3 击,
且极差不超过平均值的 20%,则静极限承载力 Q_{su}^f 可按单次静极
限承载力的平均值取用

$$Q_{su}^f = \frac{1}{n} \sum_{i=1}^{n} Q_{sui}^f \tag{2-2-8}$$

式中:Q_{su}^f 为经验公式法确定的单桩静极限承载力(kN);Q_{sui}^f 为经
验公式法确定的试桩第 i 击次的静极限承载力(kN);n 为单击贯
入度不小于 2.0mm 的锤击次数。

(2) Smith 波动方程法。过去,打桩过程一直被当作一个简
单的刚体碰撞问题来研究,并用经典的牛顿力学理论进行分析。
事实上,桩并不是刚体,打桩过程也不是一个简单的刚体碰撞问
题,而是一个复杂的应力波传播过程。如果忽略桩侧土阻力的
影响和径向效应,这个过程可用一维波动方程加以描述。然后
通过求解波动方程就可得到打桩过程中桩身的应力和变形
情况。

从桩身中任取一微元体 dx,根据达朗贝尔原理,单元体上的
诸力应满足下面的平衡方程

$$A_p\sigma + \frac{\partial(A_p\sigma)}{\partial x}dx - A_p\sigma - \rho A_p dx \frac{\partial^2 u}{\partial t^2} = 0 \tag{2-2-9}$$

式中:σ 为截面应力(kPa);A_p 为桩身截面积(m²);ρ 为桩身材料
的密度(t/m³)。假定桩截面变形后仍保持平面,则由虎克定律有

$$A_p\sigma = EA_p \frac{\partial u}{\partial x}$$

式中:E 为桩身材料的弹性模量,MPa。

这样,式(2-2-9)就变为

$$\frac{\partial^2 u}{\partial x^2} = \frac{1}{c}\frac{\partial^2 u}{\partial t^2} \tag{2-2-10}$$

其中 $$c = \sqrt{\frac{E}{\rho}} \tag{2-2-11}$$

1960 年,Smith 首先提出了波动方程在打桩中应用的差分数值解,将式(2-2-3)的波动方程变为求解一个理想化的锤—桩—土系统的各分离单元的差分方程组,从而第一次提出了能在严密的力学模型和数学计算基础上分析复杂的打桩问题的手段。

Smith 的计算模型仅仅是经验地将动、静阻力联系起来,完全忽略了土体质量的惯性力给桩的反作用。从这个意义上来讲,这些参数是经验性和地区性的,取用时要注意它们各自的使用范围。

Smith 法主要应用于确定单桩承载力、确定桩身最大应力和预估沉桩的可能性等方面。试验时,对不同的极限打入阻力,可以得到相应的最终贯入度,或打入单位深度所需锤击数,从而绘制打桩反应曲线。由打桩时实测的最终贯入度或锤击数,便可在反应曲线上找到对应的打入阻力,然后考虑土中孔隙水压力消散,土的挤密固结和受扰动的触变恢复等因素,可以得到桩的极限承载力;或者用桩休止后进行复打的贯入度所对应的打入阻力来评定极限承载力。

桩的极限承载力随时间增长是一个值得注意的问题,试验研究表明用 Smith 法估算打入时的极限承载力 P_{ud} 和静载荷试验得到的极限承载力 P_{us} 之间有统计关系

$$P_{us} = \psi P_{ud} \qquad (2-2-12)$$

式中:ψ 为桩的极限承载力增长系数。

黏性土中 ψ 变化范围较大,它与土的灵敏度和打桩时扰动程度有关。通过一些桩的复打试验和动静对比试验,初步建立了一个黏性土灵敏度 S_t 与 ψ 之间的关系式

$$\psi = 0.375 S_t + 1 \qquad (2-2-13)$$

砂土中桩的极限承载力增长系数 ψ 一般取 0.9~1.0。

打桩时,若锤垫或桩垫选用不合理,桩身会出现过大的拉、压应力,对混凝土桩,当拉应力超过混凝土强度时会使桩身开裂,形成断桩,所以打桩时的应力控制应引起重视。Smith 法能比较正确地模拟打桩时桩身受力特征,推述应力波在桩身中的传递过

程。因此,当根据实际情况确定了有关参数及承载力后,即能算出与实测值比较接近的桩身应力值,并绘出桩身最大拉、压应力包络图。有关资料表明,实测的最大应力值与计算值误差在 10% 左右。

Smith 法可用以预估沉桩的可能性,所谓的沉桩可能性分析,包括两个方面的内容:一是在已知土质条件和桩型的前提下对选用什么样的锤和垫层能把桩沉入预定深度进行分析;二是在满足贯入度要求和桩身强度的条件下,选择最佳的打桩系统。

在预估沉桩的可能性时,特别是估算桩进入不同深度持力层时的沉桩可能性时,必须根据当地经验选定与各实际地层相对应的各桩单元的 $S_{max}(m)$、$J_s(m)$ 值以及桩端阻力。再分别算出桩贯入到不同深度时的贯入度。在预估沉桩的可能性方面,Smith 波动方程法是最为准确可靠的方法。

(3) Case 法波动方程的解。Case 法是美国俄亥俄州凯斯工学院(Case Institute of Technology)G. C. Goble 等提出的一种简单近似确定单桩承载力和判断桩身质量的动测方法。Case 法的实质是以波动方程行波理论为基础的动力量测分析方法,它从行波理论出发导出了一整套简洁的分析计算公式,还研制了能在现场立刻得到桩承载力、桩身质量、打桩应力、锤击能量和垫层性能等参数的 PDA 打桩分析仪。

根据行波理论,式(2-2-2)所得到的波动方程的通解为

$$u = f(x-ct) + g(x+ct) \qquad (2-2-14)$$

式中:$f(x-ct)$ 和 $g(x+ct)$ 是以恒定速度 c 沿桩身向下和向上传播的两个行波,它们在传播过程中形状保持不变。

Case 法的检测设备包括锤击设备和量测仪器,由于 Case 法属于高应变动力试桩的范畴,因此在测试过程中,必须使桩土间产生一定相对位移,这就要求作用在桩顶上的能量要足够大,所以一般要以重锤锤击桩顶。对于打入桩,可以利用打桩机作为锤击设备,进行复打试桩。对于灌注桩,则需要专用的锤击设备,不同重量的锤要形成系列,以满足不同承载力桩的使用要求。摩擦

桩或端承摩擦桩,锤重一般为单桩预估极限承载力的1‰;端承桩则应选用较大的锤重,才能使桩端产生一定的贯入度。重锤必须质量均匀,形状对称,锤底平整。锤击装置的重锤提升高度都由自动脱钩器控制,锤自由下落时通过锤垫打在桩顶上;用于Case法动测的量测仪器由传感器、信号采集和分析装置3部分组成。

现场测试工作前要做好以下准备工作。

1) 试桩要求。为保证试验时锤击力的正常传递和试验安全,试验前应对桩头进行处理。对于灌注桩,应清除桩头的松散混凝土,并将桩头修理平整;对于桩头严重破损的预制桩,可以应用掺早强剂的高标号混凝土修补,当修补的混凝土达到规定强度时,才可以进行测试;对桩头出现变形的钢桩也应进行必要的修复和处理。也可在设计时采取下列措施:桩头主筋应全部直通桩底混凝土保护层之下,各主筋应在同一保护层之下,或者在距桩顶一倍桩径范围内,宜用3~5mm厚的钢板包裹,距桩顶1.5倍的桩径范围内可设箍筋,箍筋间距不宜大于150mm。桩顶应设置钢筋网片2~3层,间距60~100mm。进行测试的桩应达到桩头顶面水平、平整,桩头中轴线与桩身中轴线重合,桩头截面积与桩身截面积相等等要求。桩顶应设置桩垫,桩垫可用木板、胶合板和纤维板等均质材料制成,在使用过程中应当根据现场情况及时更换。

2) 传感器的安装。为了减少试验过程中可能出现的偏心锤击对试验结果的影响,试验时必须对称地安装应变传感器和加速度传感器各两只,传感器与桩顶之间的距离不宜小于$1d$(d为桩径或边长),即使对于大直径桩,传感器与桩顶之间的距离也不得小于$1d$;桩身安装传感器的部位必须平整,其周围也不得有缺损或截面突变等情况。安装范围内桩身材料和尺寸必须与正常桩一致。

3) 现场检测时的技术要求。试验前认真检查整个测试系统是否处于正常状态,仪器外壳接地是否良好。设定测试所需的参数。这些参数包括：桩长、桩径、桩身的纵波波速值、桩身材料的容重和桩身材料的弹性模量。

Case 法主要用于单桩承载力的确定和桩身质量的检测等方面。

利用 Case 法确定单桩极限承载力时，应满足桩身材料均匀、截面处处相等，桩身无明显缺陷等要求。

在一次锤击过程中，沿桩身各处所受到的实际土反力值的总和 $RT(t)$ 为

$$RT(t) = \frac{1}{2}\left[P_{\mathrm{m}}(t) + P_{\mathrm{m}}\left(t + \frac{2L}{c}\right)\right] + \frac{Z}{2}\left[V_{\mathrm{m}}(t) - V_{\mathrm{m}}\left(t + \frac{2L}{c}\right)\right]$$

$$(2\text{-}2\text{-}15)$$

式中：$P_{\mathrm{m}}(t)$ 为实测的压应力波（MN）；$V_{\mathrm{m}}(t)$ 为实测的压缩波（m/s）；c 为波的传播速度（m/s）；L 为传感器距桩端的距离（m）；t 为时间（s）；Z 为桩身的声阻抗（(Pa · s)/m^3）。

由于利用了应力波在桩身内以 $2L/c$ 为周期反复传播、叠加的性质，所以使得求解单桩承载力的公式变得简洁、方便，需要注意的是，在使用该公式进行桩身承载力计算时，必须将 $2L/c$ 的实际值判断准确，否则会带来较大的误差。

作用在桩身上的土的总阻力 $R_{\mathrm{T}}(t)$ 是由土的静阻力 $R_{\mathrm{s}}(t)$ 和土的动阻尼力 $R_{\mathrm{d}}(t)$ 两部分组成的，即

$$R_{\mathrm{T}}(t) = R_{\mathrm{s}}(t) + R_{\mathrm{d}}(t) \qquad (2\text{-}2\text{-}16)$$

关于 L 的动阻尼力 $R_{\mathrm{d}}(t)$，目前普遍采用的是用阻尼法求解，该方法假定土的动阻尼力全部集中在桩端且与桩端质点运动速度成正比，即

$$R_{\mathrm{d}}(t) = J_{\mathrm{p}} \cdot V_{\mathrm{voc}}(t) \qquad (2\text{-}2\text{-}17)$$

式中：$V_{\mathrm{voc}}(t)$ 为桩端质点的运动速度（m/s）；J_{p} 为桩端阻尼系数。

锤击桩顶所产生的压缩波将和桩身各截面处的桩侧摩阻力所产生的下行波同时到达桩端。当这些波同时到达桩端时，桩端处应波的幅值为

$$P_{\mathrm{voc}}\!\downarrow = P(t) - \frac{1}{2}\sum_{i=1}^{n} R_i(t) = P(t) - \frac{1}{2}R_{\mathrm{T}}(t)$$

$$(2\text{-}2\text{-}18)$$

桩端自由时,其质点运动速度为

$$V_{voc} = \frac{1}{Z}\left[2P(t) - R_T(t)\right] \qquad (2\text{-}2\text{-}19)$$

令 Case 阻尼系数 $J_1 = J_p/Z$,并将上列各式进行变换,得到 Case 法确定单桩静承载力的公式

$$R_s(t) = \frac{1}{2}\left[P(t) + P\left(t + \frac{2L}{c}\right)\right] + \frac{Z}{2}\left[V(t) - V\left(t + \frac{2L}{c}\right)\right]$$

$$- J_1\left[2P(t) - R_T(t)\right] \qquad (2\text{-}2\text{-}20)$$

一次锤击过程中曾经达到过的土的最大静反力,就是桩的极限承载力 R_s。

$$R_s = \max\left\{\frac{1}{2}\left[P(t) + P\left(t + \frac{2L}{c}\right)\right] + \frac{Z}{2}\left[V(t) - V\left(t + \frac{2L}{c}\right)\right]\right.$$

$$\left. - J_1\left[2P(t) - R_T(t)\right]\right\} \qquad (2\text{-}2\text{-}21)$$

对于以桩侧摩阻力为主的摩擦桩,在用 Case 法确定桩的极限承载力时必须考虑桩侧阻力的影响。

应用 Case 法计算单桩承载力时,需要人为地选取地基土的 Case 阻尼系数 $J(J_1, J_s)$,该值与土的性质等因素有关,G. C. Goble、瑞典 PID 公司和上海地区的 J 值见表 2-3～表 2-5。

表 2-3　G. C. Goble 等建议的 J 值

土的类型	取值范围	建议值
砂	0.05～0.20	0.05
粉砂和砂质粉土	0.15～0.30	0.15
粉土	0.20～0.40	0.30
粉质黏土	0.40～0.70	0.55
黏土	0.60～1.10	1.10

表 2-4　瑞典 PID 公司建议的 J 值

土的类型	取值范围
砂	0～0.15
砂质粉土	0.15～0.25

续表

土的类型	取值范围
粉质黏土	0.45~0.70
黏土	0.90~1.12

表 2-5 上海地区建议的 *J* 值

土的类型	取值范围
淤泥质灰色黏土、灰色黏土	0.60~0.90
灰色粉质黏土、暗绿色粉质黏土	0.40~0.70
灰色砂质粉土、黄绿色砂质粉土	0.15~0.45
粉砂、细砂、砂	0.05~0.20

对于长桩或上部土层较好的桩,桩身侧阻力在桩的承载力中比例很高,在桩身贯入过程中,当桩端应力波反射到桩顶以前,桩顶有明显的回弹,此时,桩身将产生负摩阻力,部分侧阻力产生卸荷,使测得的桩身承载力降低。

2.3 竖向荷载作用下单桩性状分析

2.3.1 桩的荷载传递

1. 荷载传递机理

桩是通过桩侧摩阻力及桩端阻力来把桩顶荷载传递给地基的。荷载传递过程是一个复杂的、动态的过程。当桩顶不受力时,桩静止不动,桩侧、桩端阻力为 0;当桩顶受力后,桩发生一定的沉降,桩侧阻力和桩端阻力随之发挥出来,并与桩顶荷载平衡,沉降稳定;随着桩顶荷载的增大,沉降也随之增大,桩侧、桩端阻力也相应地增大,以使沉降稳定。当桩顶荷载达到某一值,桩侧、桩端阻力已达到其极限而不能再增大时,则再不能平衡桩顶荷载,此时桩将出现持续下沉,桩基达到破坏状态。可见,桩侧、桩端阻力的发挥是与桩土相对位移有关的,而且是有极限的。

2. 荷载传递函数

桩侧阻力、桩端阻力与桩土相对位移之间的关系函数称为荷载传递函数。桩身位移 $s(z)$ 和桩身荷载 $Q(z)$ 随深度递减,桩侧摩阻力 $q_s(z)$ 自上而下逐步发挥。桩侧摩阻力 $q_s(z)$ 发挥值与桩土相对位移量有关,如图 2-4 所示。

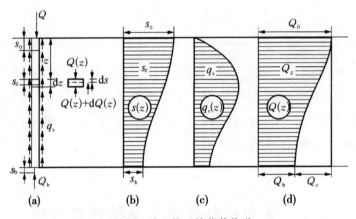

图 2-4 桩土体系的荷载传递

取深度 z 处的微小桩段 dz,由力的平衡条件[图 2-4(a)]可得

$$q_s(z) \cdot U \cdot dz + Q(z) + dQ(z) = Q(z)$$

由此得

$$q_s(z) = -\frac{1}{U} \cdot \frac{dQ(z)}{dz} \qquad (2\text{-}3\text{-}1)$$

由桩身压缩变形 $ds(z)$ 与轴力 $Q(z)$ 之间关系得

$$ds(z) = -Q(z)\frac{dz}{AE_p}$$

可得 z 断面荷载

$$Q(z) = -AE_p\frac{ds(z)}{dz}$$

即

$$Q(z) = Q_0 - U \int_0^s q_s(z) \mathrm{d}z \qquad (2\text{-}3\text{-}2)$$

式中:A 为桩身横截面面积;E_p 为桩身弹性模量;U 为桩身周长;z 为断面沉降。

将式(2-3-2)代入式(2-3-1)可得

$$q_s(z) = \frac{AE_p}{U} \frac{\mathrm{d}^2 s(z)}{\mathrm{d}z^2} \qquad (2\text{-}3\text{-}3)$$

式(2-3-3)是进行桩土体系荷载传递分析计算的基本微分方程。式(2-3-1)、式(2-3-2)、式(2-3-3)分别表示于图 2-4(c)、(d)、(b)中。

按照求解微分方程的途径不同,荷载传递分析主要有解析法、位移协调法及矩阵位移法。

不同的 $q_s(z)\text{-}s$ 关系可以得到不同的荷载传递函数。各国研究人员通过对实测曲线的拟合提出了许多种荷载传递函数的表达式,见表 2-6。

表 2-6　桩的荷载传递函数

作　者	荷载传递函数	注
Kezdi. A(1957 年)	$\tau(z) = K\gamma\tan\phi\left[1 - e^{\left(\frac{-R\delta}{\delta_. - \delta}\right)}\right]$	K 为土侧压系数
佐腾悟(1965 年)	$s < s_u, \tau(z) = Cs$ $s \geqslant s_u, \tau(z) = \tau_u$	s 为相对位移,Cs 为系数
Gardner(1975 年)	$\tau(z) = A\left[s / \left(\frac{1}{K} + \frac{1}{\tau_u}\right)\right]$	K、A 为试验常数
Vijayvergive. V. N (1977 年)	$\tau(z) = \tau_{\max}\left(2\sqrt{\frac{s}{s_u}} - \frac{s}{s_u}\right)$	s_u 为桩土临界相对位移
Kraft,LM 等(1981 年)	$\tau(z) = G_0 s / r_0 / \ln\left[\left(\frac{r_m}{r_0} - \psi\right) / \right.$ $\left. (1 - \psi)\right]$ $\psi = \frac{\tau(z)R_f}{\tau_{\max}}$	G_0 为土初始剪切模量; r_0 为桩半径; r_m 为桩沉降影响区半径; R_f 为拟合参数

作　者	荷载传递函数	注
Desai,C. S. 等(1987 年)	$\tau(z) = \dfrac{(K_0 - K_f)s}{\left(1 + \left\|\dfrac{(K_0 - K_f)s}{P_f}\right\|^m\right)^{1/m}} + K_f s$	K_0 为初始弹簧刚度； K_f 为最终弹簧刚度； P_f 为屈服荷载； m 为曲线指数
Williams 和 Colman (1965 年)	$\tau(z) = \dfrac{2E_s s}{Kd}$	E_s 为土的弹性模量； K 为常数，取 $1.75 \sim 5$； d 为桩身直径
Woosward 等(1972 年)	$\tau(z) = \dfrac{R_f s}{\dfrac{1}{E_i} + \dfrac{s}{\tau_u}}$	E_i 为传递函数曲线的初始切线模量
Holloway,Clough 和 Visic(1975 年)	$\tau(z) = K\gamma_w \left(\dfrac{\sigma_3}{p_a}\right)^n \left[1 - \dfrac{\tau R_f}{\tau_u}\right]$	K, n, R_f 为双曲线方程的参数； p_a 为大气压力； σ_3 为侧向围压
Williams 和 Colman (1965 年)	$q_p = \dfrac{2E_{ap}}{K_p d_p}(s_p)^{2/3}$	E_{ap} 为桩端土的弹性模量； s_p 为桩端沉降； d_p 为桩端直径
Viiayvergive. V. N (1969 年)	$q_p = \left(\dfrac{s_p}{s_{pu}}\right)^{1/3} q_{pu}$	s_{pu} 为 q_{pu} 时的桩端沉降； q_{pu} 为极限桩端阻力
Reese 和 Wright (1977 年)	$q_p = 0.73\left(\dfrac{s_p}{2d_p \varepsilon_{s0}}\right)$	ε_{s0} 为不固结不排水三轴试验 $\dfrac{1}{2}(\sigma_1 - \sigma_3)_u$ 时的应变
Gardner(1978 年)	$q_p = \dfrac{s_p E_{sp}}{I_p r} \leqslant \dfrac{1}{2} q_{pu}$ $q_p = \dfrac{R_f s_p}{\dfrac{1}{E_i} + \dfrac{2s_p}{q_{pu}}} + \dfrac{1}{2} q_{pu} \geqslant \dfrac{1}{2} q_{pu}$ $E_i = \dfrac{E_{sp}}{I_p r}$	r 为桩端半径； I_p 为弹性半空间表面下刚性圆形板的影响系数； E_i 为传递函数曲线的初始切线模量

　　传递函数曲线的形状比较复杂，它与土层性质、埋深、施工工艺和桩径等有关。

　　荷载传递函数的曲线形状有加工软化形、加工硬化形、非软化硬化形,如图 2-5 所示。荷载传递函数的主要特征参数为极限阻力 q_u 和极限位移 s_u。发挥侧阻极限值 q_{su} 和端阻极限值 q_{pu} 所需的极限位移 s_u 是不同的,发挥端阻极限值所需位移较大(一般为桩底直径 10%以上);发挥侧阻极限值所需位移较小,如黏性土为 4~6mm、砂性土为 6~10mm。

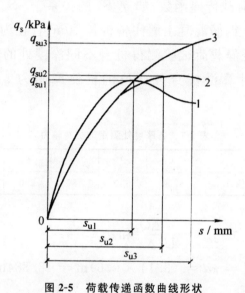

图 2-5　荷载传递函数曲线形状

1—加工软化形;2—非软化硬化形;3—加工硬化形

3. 荷载传递的试验分析

以桩的静载荷试验为基础,同时用应变片或钢筋计测得桩身轴力 Q_z,由所测定的桩顶荷载 Q_0、桩顶位移 S_0、桩身轴力 Q_z,可绘制桩顶的荷载-沉降曲线,并计算求得桩侧摩阻力 q_s、桩端阻力 q_p、桩身截面位移 S_z。具体如下。

(1)绘制 Q_0-S_0 关系曲线。

(2)求得桩顶荷载 Q_0 作用下的桩侧摩阻力及桩端反力

$$q_z = -\frac{1}{U} \frac{\Delta Q_z}{\Delta z}$$

$$Q_p = Q_0 - U \sum q_z \Delta z$$

$$q_p = \frac{Q_p}{A_p}$$

（3）求桩顶荷载 Q_0 作用下的桩身截面位移 S_z

$$S_z = S_0 - \frac{1}{A_p E_p}\sum \Delta Q_z \Delta z$$

（4）得到荷载传递函数，如 q_z-S_z 的关系、q_p-S_p 的关系。

【例2-1】 钢筋混凝土灌注桩桩长10m、直径为600mm，桩身埋设钢筋计，经静载荷试验测得桩身不同深度处的桩身轴力 Q_z，见表2-7。试计算沿桩身各部位的桩侧摩阻力 q_s 和桩端土阻力 q_p。

表 2-7　各深度处测定的桩身轴力

深度/m	0	2	4	6	8	10
桩身轴力 Q_z/kN	700	650	480	260	140	100

解：应用公式 $q_z = -\frac{1}{U}\frac{\Delta Q_z}{\Delta z}$ 和 $q_p = \frac{Q_p}{A_p}$。

$$U = \pi d = (3.14 \times 0.6)\text{m} = 18.884\text{m}$$

$$0\sim 2\text{m}, q_{sz} = \left(-\frac{1}{1.884}\times\frac{650-700}{2}\right)\text{kPa} = 13.3\text{kPa}$$

$$2\sim 4\text{m}, q_{sz} = \left(-\frac{1}{1.884}\times\frac{480-650}{2}\right)\text{kPa} = 45.1\text{kPa}$$

$$4\sim 6\text{m}, q_{sz} = \left(-\frac{1}{1.884}\times\frac{260-480}{2}\right)\text{kPa} = 58.4\text{kPa}$$

$$6\sim 8\text{m}, q_{sz} = \left(-\frac{1}{1.884}\times\frac{140-260}{2}\right)\text{kPa} = 31.8\text{kPa}$$

$$8\sim 10\text{m}, q_{sz} = \left(-\frac{1}{1.884}\times\frac{100-140}{2}\right)\text{kPa} = 10.6\text{kPa}$$

$$Q_p = Q_z = 100\text{kN}$$

校核：

$$Q_p = Q_0 - U\sum q_{sz}\Delta z = 100\text{kN}$$

$$q_p = \frac{Q_p}{A_p} = \left(\frac{100}{3.14\times 0.3^2}\right)\text{kPa} = 353.9\text{kPa}$$

2.3.2　影响桩侧(摩)阻力发挥的因素

随桩顶荷载的逐级增加,桩侧摩阻力、桩身轴力和桩的横截面位移不断变化。桩侧摩阻力自上而下逐步发挥,其发挥值与桩土相对位移量有关。当增加到一定数值时,桩端产生位移,桩端阻力的作用才开始明显表露出来。根据试验资料,当桩侧与土之间的相对位移量为 4～6mm(对黏性土)或 6～10mm(对砂土)时,摩阻力达到其极限值。而桩端位移达到桩径的 0.10～0.25 倍时,桩端阻力才达到极限值。其中低值适用于持力层为硬黏性土或砂土的挤土桩,高值则适用于非挤土桩。从中可以看出,桩周土的性质是影响桩侧阻力的关键因素,一般来说,桩周土的强度越高,相应的桩侧阻力就越大。

当桩周土为黏性土时,其分布模式较为复杂,多数呈抛物线分布,图 2-6 所示为美国内布拉斯加州中等到硬稠粉质黏土中桩侧阻力分布模式和伦敦黏土中桩侧阻力分布模式。

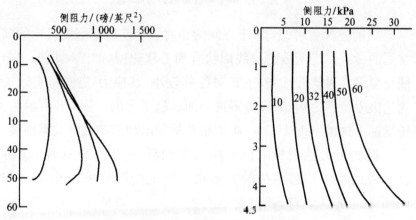

(a) 美国内布拉斯加州黏土中桩侧阻力分布模式　　(b) 伦敦黏土中桩侧阻力分布模式

图 2-6　黏性土中桩侧阻力分布模式

当桩周土为砂土时,桩侧阻力也呈抛物线分布,但与黏性土不同的是,当桩顶荷载增加到一定程度后,桩侧阻力的重心开始下移,如图 2-7(a)所示,或接近均匀分布,如图 2-7(b)所示。

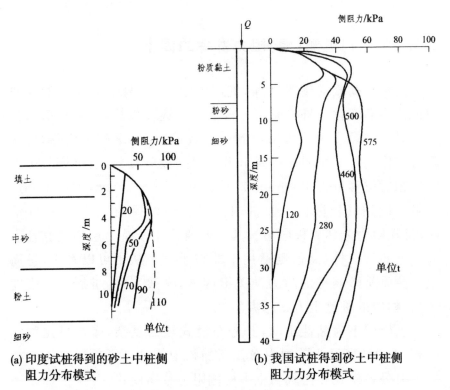

(a) 印度试桩得到的砂土中桩侧
    阻力分布模式

(b) 我国试桩得到砂土中桩侧
    阻力力分布模式

图 2-7　砂土中桩侧阻力分布模式

由前述分析可知,桩-土之间的相对位移是桩侧阻力发挥的前提,常见的荷载传递函数的曲线形状有加工软化型、加工硬化型、非软化硬化型等几种类型。桩-土相对位移较小,其应力-应变呈直线关系,到达极限位移之后,剪应力不再增加而趋于定值。图 2-8 所示为美国桥梁标准规范 AASHT093 版中钻孔桩的承载力与沉降关系曲线。

桩侧阻力达到极限值时所需要的桩-土相对位移称为临界位移。桩的临界位移与桩的类型和桩周土的性质密切相关,根据国内外大量试桩资料,我们对不同桩周土、不同桩型、不同桩径等条件桩的临界位移进行了统计分析。

(1)黏性土中打入桩的桩-土临界位移。表 2-8 是黏性土中打入桩的桩-土临界位移统计。黏性土中打入桩侧极限阻力发挥所需的位移较小,一般在 1～10mm 变化。土的物理力学指标对临界位移的影响较小,桩径对临界位移的影响也较小。

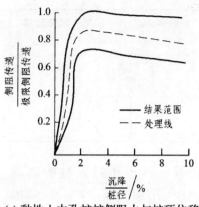

(a) 黏性土中孔桩桩侧阻力与桩顶位移关系

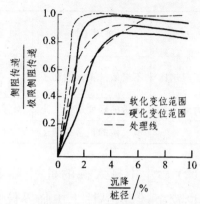

(b) 非黏性土中孔桩桩侧阻力与桩顶位移关系

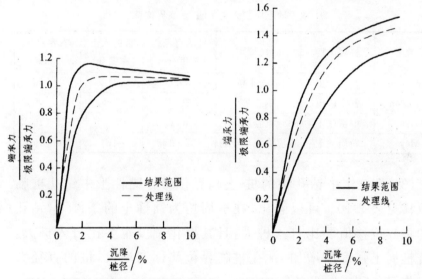

(c) 黏性土中孔桩桩端阻力与桩顶位移关系　(d) 非黏性土中孔桩桩端阻力与桩顶位移关系

图 2-8　AASHT093 中钻孔桩的承载力与沉降关系曲线

表 2-8　黏性土中打入桩的桩-土临界位移

试桩地点	桩周土性	桩型	桩的直径或宽度/cm	入土深度/m	临界位移/mm
美国休斯敦	不灵敏的超固结土	钢管桩	27.3	13.1	0.76～5.10
美国旧金山	轻度灵敏的正常固结土	钢管桩	11.4	12.2	1.5～3.3

续表

试桩地点	桩周土性	桩型	桩的直径或宽度/cm	入土深度/m	临界位移/mm
美国新奥尔良	不灵敏的正常固结土	预应力混凝土桩	35.6	14.5	4.1～10.2
加拿大魁北克	灵敏的轻度超固结土	钢管桩	21.9	7.7	4.8
上海	不灵敏的正常固结土	钢管桩	120	28.4	3.0～7.0

(2)砂土中打入桩的桩-土临界位移。砂土中打入桩的临界位移也较小,但比黏性土中临界位移要大,主要为 3～7 mm,桩周土密实程度和桩径对临界位移的影响较小,见表 2-9。

表 2-9　砂土中打入桩的桩-土临界位移

试验者	桩周土性	桩型	桩的直径或宽度/cm	桩的入土深度/m	临界位移/mm
Appendino	粉质砂土	混凝土桩	50.8	41.0	5～10
Beringen	密实砂土	钢管桩	35.6	5.2～7.0	4.0～8.0
Coyle	中密砂土	钢管桩	40.6	6.5	5.1～10.2
Mey	粉质砂土	预应力混凝土桩	137～168	18	8.0～15.0

(3)黏性土中钻孔桩的桩-土临界位移。黏性土中钻孔桩临界位移见表 2-10。可以看出,在桩周均为黏性土的条件下,钻孔桩的临界位移值要比打入桩大,且其变化幅度也要比打入桩大。随着桩周土强度的增加,钻孔桩临界位移逐渐增大,桩的直径大小对临界位移无明显的影响。

表 2-10　黏性土中钻孔桩临界位移

试验者	桩周土性	桩的直径或宽度/cm	桩的入土深度/m	临界位移/mm
Manoliu	软黏土	76	21	2～10
O'Neill&Reese	软黏土	61～229	26	5.1～10.2
Pearce	硬黏土	92	6.5	7.1～17.8
Promboon	软黏土	75～100	21.0～26.7	4.0～10.0

(4)砂土中钻孔桩的桩-土临界位移。表 2-11 是砂土中钻孔

桩临界位移统计。从表中可以看出，在桩周土均为砂性土的条件下，不仅钻孔桩的临界位移值要比打入桩中的值大，而且其变化幅度也比打入桩中大许多。此外，随着桩径的增加，钻孔桩的临界位移值变化规律凌乱，变化趋势不太明显。

表 2-11　砂土中钻孔桩的桩-土临界位移

试验者	桩的直径或宽度/cm	桩的入土深度/m	临界位移/mm
Kruizinga	60.0	18.0	65.0
Masam	200.0	40.0	45.0～200.0
Nabil	100.0	6.4	21.6
江苏南通试桩	45.0～60.0	4.2～12.0	＞24.0

2.3.3　影响单桩荷载传递性状的要素

影响桩土体系荷载传递的因素主要包括如下。

（1）桩端土与桩侧土的刚度比 E_b/E_s 越小，桩身轴力沿深度衰减越快，即传递到桩端的荷载越小。不同 E_b/E_s 下的桩身轴力图如图 2-9 所示。

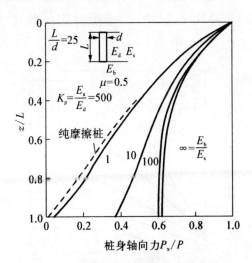

图 2-9　不同 E_b/E_s 下的桩身轴力图

（2）随桩土刚度比 E_p/E_s（桩身刚度与桩侧土刚度之比）的增大,传递到桩端的荷载增大,但当 $E_b/E_s \geqslant 1000$ 后,Q_b/Q 的变化不明显。不同 E_p/E_s 下的桩身轴力图如图 2-10 所示。

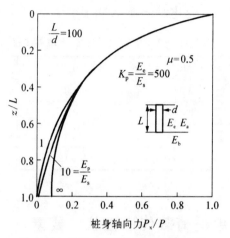

图 2-10　不同 E_p/E_s 下的桩身轴力图

（3）随桩的长径比 L/d 增大,传递到桩端的荷载减小。当 $L/d \geqslant$ 40,在均匀土中,其端阻分担的荷载趋于 0;当 $L/d \geqslant 100$,不论桩端土刚度多大,其端阻分担的荷载值小到可忽略不计。即使是嵌岩桩,其长径比 $L/d > 20$ 时也可能属于摩擦型桩,其桩端总阻力也较小。

（4）随桩端扩径比 D/d 增大,端阻分担荷载比增加。不同 D/d 下的端承力如图 2-11 所示。

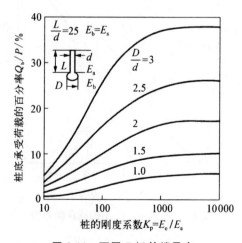

图 2-11　不同 D/d 的端承力

（5）随着桩侧表面粗糙度的增大，桩侧阻力的发挥度增高。

2.4　确定单桩水平承载力的方法

影响单桩水平承载力的因素包括桩径、桩的入土长度、桩身刚度、材料强度以及地基土的刚度、荷载类型等。横向荷载作用下桩土受力的特点是，弹性桩的变形及土中应力和塑性区主要发生在桩身上部，桩周土体对桩的水平工作性状影响最大的是地表土和浅层土（一般在地面下 5～10m 深度以内），因此改善浅部土层的工程性质对提高桩基水平承载力可起到事半功倍的效果。

确定单桩水平承载力的方法主要有现场静载荷试验以及规范推荐的估算公式。

2.4.1　单桩水平静载荷试验

水平静载荷试验是分析桩在水平荷载作用下工作性状的重要手段，也是确定单桩水平承载力最可靠的方法。

1. 试验装置

试管装置包括加荷系统和位移观测系统。加荷系统采用可水平施加荷载的液压千斤顶；位移观测系统采用基准支架上安装百分表或电感位移计，如图 2-12 所示。

2. 试验方法

单桩水平静载荷试验的方法主要有三种，即单向多循环加卸载法、慢速连续加载法和单向单循环恒速水平加载法。

单向多循环加卸载法主要采用模拟风浪、地震力、制动力、波浪冲击力和机器扰力等循环性动力水平荷载；慢速连续加载法类似于垂直静载试验慢速法，模拟桥台、挡墙等长期静止水平荷载

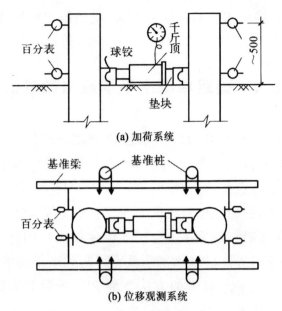

(a) 加荷系统

(b) 位移观测系统

图 2-12　桩的水平静载试验装置示意图

的连续荷载试验;单向单循环恒速水平加载法,类似于垂直静载试验快速法。

单向多循环加卸载法和慢速连续加载法试验加载分级是一致的:一般取预估横向极限荷载的 $1/15\sim1/10$ 作为每级荷载的加载增量。根据桩径大小并适当考虑土层软硬,对于直径 $300\sim1000mm$ 的桩,每级荷载增量可取 $2.5\sim20kN$。每级荷载施加后,恒载每 4min 测读横向位移,然后卸载至零,停 2min 测读残余横向位移,至此完成一个加卸载循环。5 次循环后,开始加下一级荷载。当桩身折断或水平位移超过 $30\sim40mm$(软土取 40mm)时,终止试验。单向单循环恒速水平加载法试验加载分级方式为:加载每级荷载维持 20min,第 5min、10min、15min、20min 测读位移。终止加载后卸载至零荷载维持 30min,第 10min、20min、30min 测读位移。

3. 试验结果

常规循环荷载试验一般绘制水平力-时间-位移(H_0-t-x_0)曲

线（图 2-13）；连续荷载试验常绘制水平力-位移（H_0-x_0）曲线（图 2-14）、水平力-位移梯度（H_0-$\Delta x_0 / \Delta H_0$）曲线（图 2-15）。

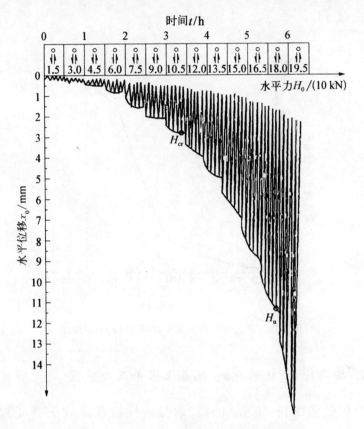

图 2-13　水平力-时间-位移（H_0-t-x_0）曲线

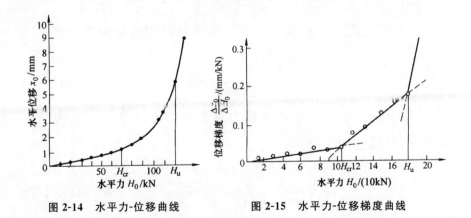

图 2-14　水平力-位移曲线　　　图 2-15　水平力-位移梯度曲线

当桩身设有应力测试元件时,可绘制桩身最大弯矩点钢筋应力-荷载(σ_g-H_0)曲线(图 2-16),据此可确定水平临界荷载 H_{cr} 和极限荷载 H_u。

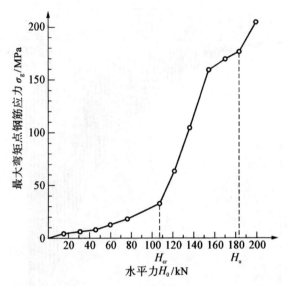

图 2-16 最大弯矩点钢筋应力-荷载(σ_g-H_0)曲线

4. 临界荷载、极限荷载、地基土水平反力系数

根据试验所得 H_0-x_0 曲线,取拟线性段某荷载 H_0(通常取临界荷载 H_{cr})与 H_0 荷载第五次循环的位移 x_0 确定地基土水平反力系数。

(1)张氏法——地基土水平反力系数沿深度呈矩形分布

$$k = \frac{\left(\dfrac{H_0}{x_0} \overline{A}_{0x}\right)}{d\,(4EI)^{1/3}} (\text{kN/m}^3) \qquad (2\text{-}4\text{-}1)$$

(2)c 法——地基土水平反力系数在深度 $4.0/a$ 以上为凸形抛物线分布 $[c(x) = cx^{0.5}]$

$$c = \frac{\left(\dfrac{H_0}{x_0} \overline{X}_{0H}\right)^{2/3}}{d\,(EI)^{1/3}} (\text{kN/m}^{3.5}) \qquad (2\text{-}4\text{-}2)$$

(3)m 法——地基土水平抗力系数沿深度呈三角形分布

$$m = \frac{\left(\dfrac{H_0}{x_0} A_{0x}\right)^{5/3}}{b_0 \, (EI)^{2/3}} (\mathrm{kN/m^4}) \qquad (2\text{-}4\text{-}3)$$

式(2-4-1)～式(2-4-3)中:$\overline{A}_{0x}$、$\overline{X}_{0H}$、A_{0x} 分别为相应计算法中桩顶自由条件下地面处受水平力作用的地面处位移系数;H_0、x_0 分别为桩地面处的水平力(kN)和水平位移(m);EI 为桩身抗弯刚度;b_0 为桩身计算宽度(m);d 为桩直径(m)。

上述水平荷载试验是在短期内完成的,土体变形的时效未能得到充分反映,因而由此得到的地基土水平反力系数应用于长期或经常出现的水平荷载条件下,应予以折减,一般乘以 0.4。

2.4.2　规范推荐公式估算单桩水平承载力

当缺少单桩水平静载荷试验资料时,《建筑桩基技术规范》(JGJ 94—2008)规定可按下述公式估算单桩水平承载力。

(1) 桩身配筋率小于 0.65% 的灌注桩单桩水平承载力特征值为

$$R_{\mathrm{ha}} = \frac{0.75 \alpha \gamma_{\mathrm{m}} f_{\mathrm{t}} W_0}{\nu_{\mathrm{M}}} (1.25 + 22\rho_{\mathrm{g}}) \left(1 \pm \frac{\zeta_{\mathrm{N}} N_{\mathrm{k}}}{\gamma_{\mathrm{m}} f_{\mathrm{t}} A_{\mathrm{n}}}\right)$$

式中:α 为桩的水平变形系数;R_{ha} 为单桩水平承载力特征值;± 号根据桩顶竖向力性质确定,压力取"+",拉力取"−";γ_{m} 桩截面模量塑性系数,圆形截面 $\gamma_{\mathrm{m}}=2$,矩形截面 $\gamma_{\mathrm{m}}=1.75$;f_{t} 为桩身混凝土抗拉强度设计值;W_0 为桩身换算截面受拉边缘的截面模量,圆形截面为 $W_0 = \dfrac{\pi d}{32}[b^2 + 2(\alpha_{\mathrm{E}}-1)\rho_{\mathrm{g}} d_0^2]$,方形截面为 $W_0 = \dfrac{b}{6}[b^2 + 2(\alpha_{\mathrm{E}}-1)\rho_{\mathrm{g}} b_0^2]$,其中 d 为桩直径,d_0 为扣除保护层厚度的桩直径;b 为方形截面边长,b_0 为扣除保护层厚度的桩截面宽度;α_{E} 为钢筋弹性模量与混凝土弹性模量的比值;ν_{M} 为桩身最大弯矩系数,按表 2-12 取值,当单桩基础和单排桩基纵向轴线与水平力方向相垂直时,按桩顶铰接考虑;ρ_{g} 为桩身配筋率;ζ_{N} 为桩顶竖向力影响系数,竖向压力取 0.5;竖向拉力取 1.0;N_{k} 为在荷载效应标准组合下桩顶的竖向力(kN);A_n 为桩身换算截面积,圆形截面为 $A_n = \dfrac{\pi d^2}{4}[1 + (\alpha_E - 1)\rho_g]$;方形截面为 $A_n = b^2[1 + (\alpha_E - 1)\rho_g]$。

表 2-12　桩顶(身)最大弯矩系数 ν_M 和桩顶水平位移系数 ν_x

桩顶约束情况	桩的换算埋深(αh)	ν_M	ν_x
铰接、自由	4.0	0.768	2.441
	3.5	0.750	2.502
	3.0	0.703	2.727
	2.8	0.675	2.905
	2.6	0.639	3.163
	2.4	0.601	3.526
固接	4.0	0.926	0.940
	3.5	0.934	0.970
	3.0	0.967	1.028
	2.8	0.990	1.055
	2.6	1.018	1.079
	2.4	1.045	1.095

注:①铰接(自由)的 Ⅲ 系桩身的最大弯矩系数,固接的 Ⅲ 系桩顶的最大弯矩系数。
②当 $\alpha h > 4$ 时取 $\alpha h = 4$。

(2) 预制桩、钢桩、桩身配筋率不小于 0.65% 的灌注桩单桩水平承载力特征值为

$$R_{ha} = 0.75 \frac{\alpha^3 EI}{\nu_x} x_{0a}$$

式中:EI 为桩身抗弯刚度,对于钢筋混凝土桩,$EI = 0.85 E_c I_0$,其中 E_c 为混凝土弹性模量;I_0 为桩身换算截面惯性矩,圆形截面为 $I_0 = W_0 d_0 / 2$,矩形截面为 $I_0 = W_0 b_0 / 2$;x_{0a} 为桩顶允许水平位移;ν_x 为桩身水平位移系数,按表 2-12 取值,取值方法同上述 ν_M。

《建筑桩基技术规范》(JGJ 94—2008)中还规定,验算永久荷载控制的桩基水平承载力时,应将本节所述方法(载荷试验及估算公式)确定的单桩水平承载力特征值乘以调整系数 0.80;验算

地震作用桩基的水平承载力时,单桩水平承载力特征值乘以调整系数 1.25。

2.5　水平荷载作用下单桩变形的理论计算

水平荷载作用下,单桩受到桩基的内力与位移的计算方法主要有静力平衡法(极限地基反力法和地基反力系数法)、弹性地基梁法(弹性地基反力法,即线弹性地基反力法和非线弹性地基反力法,其中线弹性地基反力法包括单参数法和双参数法)、弹性理论法(复合地基反力法,即 p-y 曲线法)等。

2.5.1　极限地基反力法

极限地基反力法假定桩侧土体处于极限平衡状态,作用于桩的外力与土的极限反力平衡。假定地基土反力 q 仅是深度 z 的函数,而与桩身位移 x 无关,即

$$q = q(z)$$

根据各种不同的土反力分布规律假定,如土反力的直线分布和抛物线分布等,极限地基反力法有多种不同的计算方法,具体见表 2-13。本节只介绍布罗姆斯法(短桩)。

表 2-13　极限地基反力法

地基反力分布	方　法	摘　要
2 次曲线 (抛物线)	恩格尔-物部法	$p = ax^2 + bx$　k_p—被动土压力系数　$k_p r x$
直线	雷斯法	$p = k_p r x$　C　N

续表

地基反力分布	方　　法	摘　　要
直线	冈部法	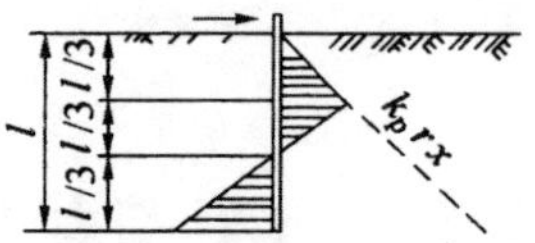
	斯奈特科法	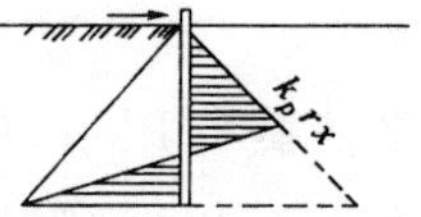
	布罗姆斯法（短桩）	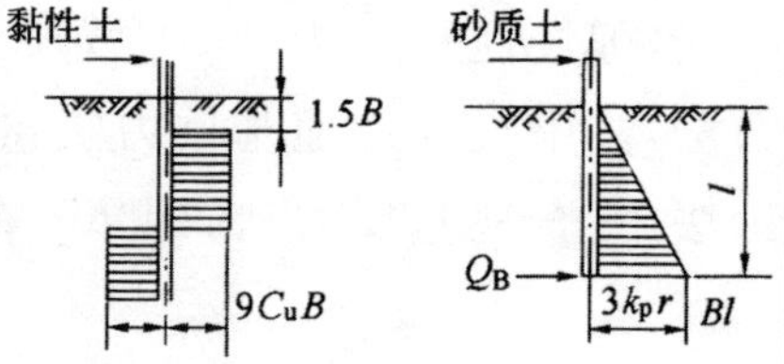
任意（部分近似）直线	挠度曲线法	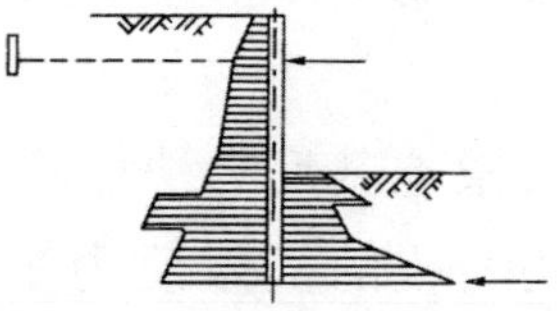

1. 黏性土地基的情况

对黏性土中的桩顶加水平荷载时，桩身产生水平位移，如图 2-17(a)所示。由于地面附近的土体受桩的挤压而破坏，地基土向上方隆起，使水平地基反力减小。水平地基反力的分布见图 2-17(b)。为简化问题，忽略地表面以下 $1.5B$（B 为桩宽）深度内土的作用，在 $1.5B$ 深度以下假定水平地基反力为常数，其值为 $9C_uB$，其中 C_u 为不排水抗剪强度，如图 2-17(c)所示。

设土中产生最大弯矩的深度为 $1.5B+f$，根据弯矩与剪力之间的微分关系，此深度出现剪力为 0，即 $Q=-H_u+9C_uBf=0$，由此得

$$f = \frac{H_u}{9C_uB} \qquad (2\text{-}5\text{-}1)$$

式中:H_u 为极限水平承载力。

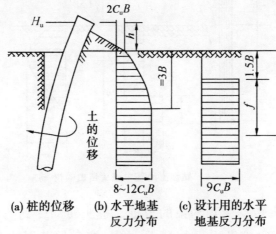

图 2-17　黏性土中桩的水平地基反力分布

（1）桩头自由的短桩。桩头自由的短桩如图 2-18 所示,假定在桩的全长范围内水平地基反力均为常数(转动点上下的水平地基反力方向相反)。由水平力的平衡条件得

$$H_u - 9C_u B(1 - 1.5B) + 2 \times 9C_u Bx = 0$$

$$x = \frac{1}{2}(1 - 1.5B) - \frac{H_u}{18C_u B} \tag{2-5-2}$$

对桩底求矩,由水平力的平衡条件得

$$H_u(l + h) - \frac{1}{2}(9C_u B)(1 - 1.5B)^2 + (9C_u B)x^2 = 0$$

$$\tag{2-5-3}$$

将式(2-5-2)代入式(2-5-3),解得

$$H_u = 9C_u B^2 \left\{ \sqrt{4\left(\frac{h}{B}\right)^2 + 2\left(\frac{l}{B}\right)^2 + 4\left(\frac{h}{B}\right) \times \left(\frac{l}{B}\right) + 6\left(\frac{h}{B}\right) + 4.5} \right.$$

$$\left. - \left[2\left(\frac{h}{B}\right) + \left(\frac{l}{B}\right) + 1.5 \right] \right\} \tag{2-5-4}$$

最大弯矩 M_{max} 为

$$M_{max} = H_u(h + 1.5B + f) - \frac{1}{2}(9C_u B)f^2$$

$$= H_u(h + 1.5B + 0.5f) \tag{2-5-5}$$

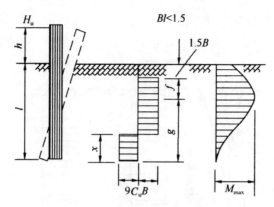

图 2-18　黏性土地基中桩头自由的情况

（2）桩头转动受到约束的短桩。桩头转动受到约束的桩如图 2-19 所示，假定桩发生平行移动，并在桩全长范围内产生相同的水平地基反力 $9C_uB$，桩头产生最大弯矩 M_{max}。由水平力的平衡条件得

$$H_u - 9C_uB(l - 1.5B) = 0$$

$$H_u = 9C_uB(l - 1.5B) = 9C_uB^2\left(\frac{l}{B} - 1.5\right) \quad (2\text{-}5\text{-}6)$$

对桩底求矩，由力矩的平衡条件得

$$M_{max} - H_u l + \frac{1}{2}(9C_uB)(l - 1.5B)^2 = 0$$

$$M_{max} = H_u\left(\frac{1}{2} + \frac{3}{4}B\right) = 4.5C_uB^3\left[\left(\frac{l}{B}\right)^2 - 2.25\right]$$

$$(2\text{-}5\text{-}7)$$

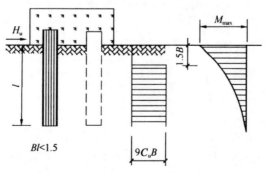

图 2-19　黏性土地基中桩头转动受到约束的桩

实际计算时可采用图解方法。将式（2-5-4）和式（2-5-6）中 $H_u/C_u B^2 - l/B$ 的关系表示于图 2-20，根据该图可很方便地求得 H_u。

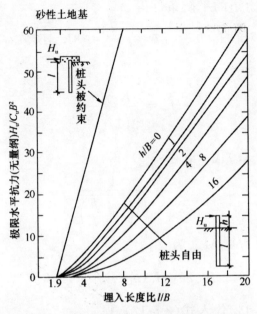

图 2-20　黏性土地基中短桩的水平抗力

2. 砂土地基的情况

对砂土中的桩顶施加水平力，试验表明，从地表面开始向下，水平地基反力由零呈线性增大，其值相当于朗肯土压力 K_p 的 3 倍，故地表面以下深度为 x 处的水平地基反力 P 是

$$P = 3K_p \gamma x$$

$$K_p = \frac{1 + \sin\varphi}{1 - \sin\varphi} = \tan^2\left(45^\circ + \frac{\phi}{2}\right) \tag{2-5-8}$$

式中：φ 为土的内摩擦角；γ 为土的重度。

设土中最大弯矩处的深度为 f，该处的剪力为 0，即 $Q = H_u - \frac{1}{2} \cdot 3K_p \gamma B f^2 = 0$，由此得

$$f = \sqrt{\frac{2H_u}{3K_p \gamma B}} \tag{2-5-9}$$

（1）桩头自由的短桩。桩头自由的短桩如图 2-21 所示，假定桩全长范围内的地基都屈服，桩尖的水平位移和桩头水平位移方向相反。将桩尖附近的水平地基反力用集中力 P_B 代替，并对桩底求矩，根据力矩的平衡条件得

$$H_u(h+l) = \frac{1}{2} \cdot \frac{1}{3} \cdot 3K_p\gamma Bl^3$$

故

$$H_u = \frac{K_p\gamma Bl^2}{2\left(1+\dfrac{h}{l}\right)} \tag{2-5-10}$$

将式（2-5-10）代入式（2-5-9），得

$$f = \frac{1}{\sqrt{3\left(1+\dfrac{h}{l}\right)}} \tag{2-5-11}$$

桩身最大弯矩 M_{max} 为

$$M_{max} = H_u(h+l) - \frac{1}{3}H_u f \tag{2-5-12}$$

将式（2-5-11）代入式（2-5-12），得

$$M_{max} = H_u\left[h + \frac{0.385l}{\sqrt{1+h/l}}\right] \tag{2-5-13}$$

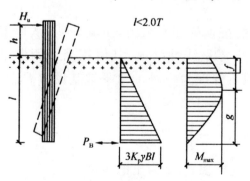

图 2-21　砂性土地基中桩头自由的情况

（2）桩头转动受到约束的短桩。桩头转动受到约束的短桩如图 2-22 所示，假定桩平行移动，地基在桩全长范围内均屈服，在桩头产生最大弯矩。根据水平力的平衡条件，得

$$H_u - \frac{1}{2} \cdot 3K_p \gamma B l^2 = 0$$

$$H_u = \frac{2}{3} K_p \gamma B l^2 \qquad (2\text{-}5\text{-}14)$$

根据桩底的力矩平衡条件,得

$$M_{max} + \frac{1}{2} \cdot \frac{1}{3} \cdot 3K_p \gamma B l^3 - H_u l = 0$$

$$M_{max} = K_p \gamma B l^3 \qquad (2\text{-}5\text{-}15)$$

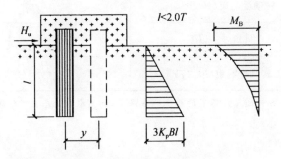

图 2-22　砂性土地基中桩头转动受到约束的短桩

实际计算时可利用图解法。将式(2-5-10)和式(2-5-14)中的 $H_u / K_p \gamma B^2 - l/B$ 的关系表示于图 2-23,根据该图可求得砂性土中刚性短桩的极限水平力 H_u。

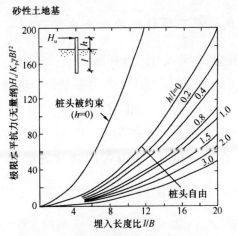

图 2-23　砂性土地基中短桩的水平抗力

当水平荷载小于上述极限抗力的 1/2 时,无论是桩还是地基(包括黏性土地基和砂性土地基),都不会产生局部屈服,此时地表面的水平位移 y_0 可由表 2-14 中的公式求得。

表 2-14 荷载小于极限水平抗力一半时的地面水平位移

土 性	桩 头	地面有水平位移 y_0
黏性土	自由($\beta l < 1.5$)	$\dfrac{4H}{k_h BL}\left(1+1.5\,\dfrac{h}{l}\right)$
	转动受约束($\beta l < 0.5$)	$\dfrac{H}{k_h BL}$
砂 土	自由($l < 2T$)	$\dfrac{18H}{2mBl^2}\left(1+\dfrac{4}{3}\,\dfrac{h}{l}\right)$
	转动受约束($l < 2T$)	$\dfrac{H}{mBl^2}(h=0)$

注 表中 k,h 为随深度不变的水平地基系数,m 为水平地基系数随深度线性增加的比例系数。

2.5.2 弹性地基反力法

国内外计算弹性长桩的方法很多,通常采用弹性地基反力法,即假定土为弹性体,用梁的弯曲理论来求桩的水平抗力,适用于弹性桩的计算。

1. 水平荷载作用下弹性桩的微分方程

假定竖直桩全部埋入土中,在断面主平面内,地表面桩顶处作用垂直桩轴线的水平力 H_0 和外力矩 M_0。选坐标原点和坐标轴方向,规定图示方向为 H_0 和 M_0 的正方向[图 2-24(a)],在桩上取微段 $\mathrm{d}x$,规定图示方向为弯矩 M 和剪力 Q 的正方向[图 2-24(b)]。通过分析,推导得弯曲微分方程为

$$\left.\begin{aligned} EI\,\frac{\mathrm{d}^4 y}{\mathrm{d}x^4}+BP(x,y)&=0 \\ P(x,y)=(a+mx^i)y^n&=k(x)y^n \end{aligned}\right\} \qquad (2\text{-}5\text{-}16)$$

式中:$P(x,y)$ 为单位面积上的桩侧土抗力;y 为水平方向;x 地面以下深度;B 为桩的宽度或桩径;a、m、i、n 为待定常数或指数。n

的取值与桩身侧向位移的大小有关。根据 n 的取值可将弹性地基反力法分为两大类：线弹性地基反力法（$n=1$），非线弹性地基反力法（$n\neq1$），具体见表 2-15。

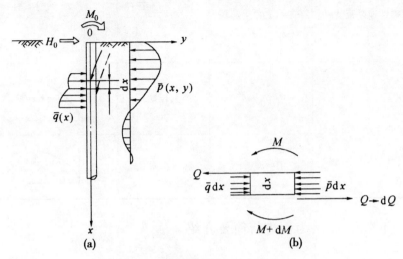

图 2-24　土中部分桩的坐标系与力的正方向

表 2-15　弹性地基反力法

方法类型	地基反力分布	计算方法	图示
线弹性地基反力法	$P=k_h y$	常数法	
	$P=mxy$	m 法	
	$P=cx^{1/2}y$	c 值法	
	$P=(x)y=mx^{0.5}y$	k 法	

方法类型	地基反力分布	计算方法	图示
线弹性地基反力法	$P=k(x)y=mx^iy$	综合刚度原理和双参数法	
非线弹性地基反力法	$P=k_sxy^{0.5}$	久保法	
	$P=k_cy^{0.5}$	林—宫岛法	

本节以 m 法为例进行简要介绍。

2. m 法

（1）计算公式。通常采用罗威（Rowe）的幂级数解法。将 $P(x,y)=mxy$ 代入式（2-5-16），得

$$EI\frac{\mathrm{d}^4y}{\mathrm{d}x^4}+Bmxy=0 \qquad (2\text{-}5\text{-}17)$$

已知

$$[y]_{x=0}=y_0,\left[\frac{\mathrm{d}y}{\mathrm{d}x}\right]_{x=0}=\varphi_0$$

$$\left[EI\frac{\mathrm{d}^2y}{\mathrm{d}x^2}\right]_{x=0}=M_0,\left[EI\frac{\mathrm{d}^3y}{\mathrm{d}x^3}\right]_{x=0}=Q_0$$

并设方程（2-5-17）的解为一幂级数

$$y=\sum_{i=0}^{\infty}a_ix^i \qquad (2\text{-}5\text{-}18)$$

式中：a_i 为待定常数。对式（2-5-18）求 1 至 4 阶导数，并代入式（2-5-17），经推导可得

$$y = y_0 A_1(ax) + \frac{\varphi_0}{a} B_1(ax) + \frac{M_0}{a^2 EI} C_1(ax) + \frac{Q_0}{a^3 EI} D_1(ax)$$

$$\frac{\varphi}{a} = y_0 A_2(ax) + \frac{\varphi_0}{a} B_2(ax) + \frac{M_0}{a^2 EI} C_2(ax) + \frac{Q_0}{a^3 EI} D_2(ax)$$

$$\frac{M}{a^2 EI} = y_0 A_3(ax) + \frac{\varphi_0}{a} B_3(ax) + \frac{M_0}{a^2 EI} C_3(ax) + \frac{Q_0}{a^3 EI} D_3(ax)$$

$$\frac{Q}{a^3 EI} = y_0 A_4(ax) + \frac{\varphi_0}{a} B_4(ax) + \frac{M_0}{a^2 EI} C_4(ax) + \frac{Q_0}{a^3 EI} D_4(ax)$$

$$(2\text{-}5\text{-}19)$$

并可导得桩顶仅作用单位水平力 $H_0 = 1$ 时地面处桩的水平位移 δ_{QQ} 和转角 δ_{MQ}，桩顶作用单位力矩 $M_0 = 1$ 时桩身地面处的水下位移 δ_{QM} 和转角 δ_{MM}，如图 2-25 所示。对于桩埋置于非岩石地基中的情况：

$$\delta_{QQ} = \frac{1}{a^3 EI} \frac{(B_3 D_4 - B_4 D_3) + K_h(B_2 D_4 - B_4 D_2)}{(A_3 B_4 - A_4 B_3) + K_h(A_2 B_4 - A_4 B_2)}$$

$$\delta_{MQ} = \frac{1}{a^2 EI} \frac{(A_3 D_4 - A_4 D_3) + K_h(A_2 D_4 - A_4 D_2)}{(A_3 B_4 - A_4 B_3) + K_h(A_2 B_4 - A_4 B_2)}$$

$$\delta_{QM} = \frac{1}{a^3 EI} \frac{(B_3 C_4 - B_4 C_3) + K_h(B_2 C_4 - B_4 C_2)}{(A_3 B_4 - A_4 B_3) + K_h(A_2 B_4 - A_4 B_2)}$$

$$\delta_{MM} = \frac{1}{a EI} \frac{(A_3 C_4 - A_4 C_3) + K_h(A_2 C_4 + A_4 C_2)}{(A_3 B_4 - A_4 B_3) + K_h(A_2 B_4 + A_4 B_2)}$$

对于嵌固于岩石的桩，同样可导得

$$\delta_{QQ} = \frac{1}{a^3 EI} \frac{B_2 D_1 - B_1 D_2}{A_2 B_1 - A_1 B_2}$$

$$\delta_{MQ} = \frac{1}{a^2 EI} \frac{A_2 D_1 - A_1 D_2}{A_2 B_1 - A_1 B_2}$$

$$\delta_{QM} = \frac{1}{a^3 EI} \frac{B_2 C_1 - B_1 C_2}{A_2 B_1 - A_1 B_2}$$

$$\delta_{MM} = \frac{1}{a EI} \frac{A_2 C_1 - A_1 C_2}{A_2 B_1 - A_1 B_2}$$

式中的 $A_1, B_1, C_1, D_1, A_2, B_2, \cdots, C_4, D_4$ 等系数，以及 $B_3 D_4 - B_4 D_3, B_2 D_4 - B_4 D_2, \cdots, A_3 B_4 - A_4 B_3, A_2 B_4 - A_4 B_2$ 等值均可查

《桥梁桩基础的分析和设计》附表二；$K_h = \dfrac{C_0}{aE}\dfrac{I_0}{I}$，其中 C_0 为桩底土的竖向地基系数，I_0 为桩底全面积对截面重心的惯性矩，I 为桩的平均截面惯性矩；$a = 1/T = \sqrt[5]{mb_0/EI}$，式中 b_0 为桩侧土抗力的计算宽度，当桩的直径 D 或宽度 B 大于 1m 时，矩形桩的 $b_0 = B+1$，圆形桩的 $b_0 = 0.9 \times (D+1)$；当桩的直径 D 或宽度 B 小于 1m 时，矩形桩的 $b_0 = 1.5B + 0.5$，圆形桩的 $b_0 = 0.9 \times (1.5D + 0.5)$。其他符号意义同前。

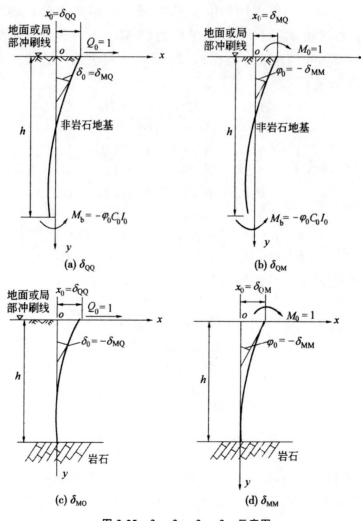

图 2-25　δ_{QQ}、δ_{QM}、δ_{MQ}、δ_{MM} 示意图

当 H_0、M_0 已知时，即可求得地面处的水平位移 y_0 和转角 φ_0

$$
\left.\begin{aligned}
y_0 &= H_0\delta_{QQ} + M_0\delta_{QM} \\
\varphi_0 &= -(H_0\delta_{MQ} + M_0\delta_{MM})
\end{aligned}\right\}
$$

然后根据式(2-5-19)求得地面下任意深度 x 处桩身的侧向位移 y、转角 φ、桩身截面上的弯矩 M 和剪力 Q。

（2）无量纲计算法。对于弹性长桩，桩底的边界条件是弯矩为零，剪力为零。而桩顶或泥面的边界条件可分为下列三种情况。

1）桩顶可自由转动，如图 2-26 所示。

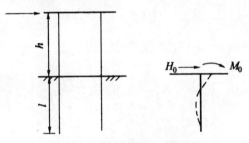

图 2-26　桩顶可自由转动情况

在水平力 H_0 和力矩 $M_0 = H_0 h$ 作用下，桩身水平位移和弯矩可按下式计算

$$
\left.\begin{aligned}
y_0 &= \frac{H_0 T^3}{EI}A_y + \frac{M_0 T^2}{EI}B_y \\
M &= H_0 T A_m + M_0 B_m
\end{aligned}\right\} \tag{2-5-20}
$$

桩身最大弯矩的位置 x_m、最大弯矩可按下式计算

$$
\left.\begin{aligned}
x_m &= \bar{h}T \\
M_{\max} &= M_0 C_2 \text{ 或 } M_{\max} = H_0 T D_2
\end{aligned}\right\}
$$

式中：A_y、D_y、A_m、B_m 分别为位移和弯矩的无量纲系数（表 2-16）；$\bar{h}$ 为换算深度，根据 $C_1 = \dfrac{M_0}{H_0 T}$，$D_1 = \dfrac{H_0 T}{M_0}$ 或由表 2-16 中查得；C_2、D_2 为无量纲系数，根据最大弯矩位置 x_m 的换算深度 $\bar{h} = x_m/T$ 或由表 2-16 中查得。

2）桩顶固定而不能转动，如图 2-27 所示，如地面上的刚性低桩台。

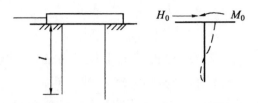

图 2-27　桩顶固定而不能自由转动情况

当桩顶固定时,桩顶转角为 0(即 $\varphi=\dfrac{\mathrm{d}y}{\mathrm{d}x}=0$)

$$\varphi = A_\varphi \frac{H_0 T^2}{EI} + B_\varphi \frac{M_0 T}{EI} = 0$$

则 $\dfrac{M_0}{H_0 T} = -\dfrac{A_\varphi}{B_\varphi} = -0.93$,式(2-5-20)可改为

$$\left.\begin{array}{l} y_0 = (A_y - 0.93 B_y) \dfrac{H_0 T^3}{EI} \\ M = (A_m - 0.93 B_m) H_0 T \end{array}\right\}$$

式中:A_φ、B_φ 分别为转角的无量纲系数(表 2-16)。

3) 桩顶受约束而不能完全自由转动,如图 2-28 所示,如刚性高桩台。

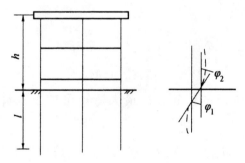

图 2-28　桩顶受约束而不能完全自由转动情况

在水平力 H_0 作用下考虑上部结构与地基的协调作用

$$\varphi_2 = \varphi_1 \qquad\qquad (2\text{-}5\text{-}21)$$

式中:φ_2 为上部结构在泥面处的转角;φ_1 为桩在泥面处的转角。

根据式(2-5-21),通过反复迭代,可推求出桩身水平位移和弯矩。

表 2-16 *m* 法计算用无量纲系数表

换算深度 $\bar{h}(Z/T)$	A_y	B_y	A_m	B_m	A_φ	B_φ	C_1	D_1	C_2	D_2
0.0	2.44	1.621	0	1	−1.621	−1.751	∞	0	1	∞
0.1	2.279	1.451	0.100	1	−1.616	−1.651	131.252	0.008	1.001	131.318
0.2	2.118	1.291	0.197	0.998	−1.601	−1.551	34.186	0.029	1.004	34.317
0.3	1.959	1.141	0.290	0.994	−1.577	−1.451	15.544	0.064	1.012	15.738
0.4	1.803	1.001	0.377	0.986	−1.543	−1.352	8.781	0.114	1.029	9.037
0.5	1.650	0.870	0.458	0.975	−1.502	−1.254	5.539	0.181	1.057	5.856
0.6	1.503	0.750	0.529	0.959	−1.452	−1.157	3.710	0.270	1.101	4.138
0.7	1.360	0.639	0.592	0.938	−1.396	−1.0152	2.566	0.390	1.169	2.999
0.8	1.224	0.537	0.646	0.931	−1.334	−0.970	1.791	0.558	1.274	2.282
0.9	1.094	0.445	0.689	0.884	−1.267	−0.880	1.238	0.808	1.441	1.784
1.0	0.970	0.361	0.723	0.851	−1.196	−0.793	0.824	1.213	1.728	1.424
1.1	0.854	0.286	0.747	0.841	−1.123	−0.710	0.503	1.988	2.299	1.157
1.2	0.746	0.219	0.762	0.774	−1.047	−0.630	−0.246	4.071	3.876	0.952
1.3	0.645	0.160	0.768	0.732	−0.971	−0.555	0.034	29.58	23.438	0.792
1.4	0.552	0.108	0.765	0.687	−0.894	−0.484	−0.145	−6.906	−4.596	0.6156
1.6	0.388	0.024	0.737	0.594	−0.743	−0.356	−0.434	−2.305	1.128	0.480
1.8	0.254	−0.036	0.685	0.4c19	−0.601	−0.247	−0.665	−1.503	−0.530	0.353
2.0	0.147	−0.076	0.614	0.407	−0.471	−0.156	−0.865	−1.156	−0.304	0.263
3.0	−0.087	−0.095	0.193	0.076	0.070	−0.063	−1.893	−0.528	−0.026	0.049
4.0	−0.108	−0.015	0	0	−0.003	+0.085	−0.045	−22.500	0.011	0

注：①本表适用于桩尖置于非岩石土中或支于岩石面上。

②本表仅适用于弹性长桩。

2.5.3 *p-y* 曲线法

1. 概述

p-y 曲线法也称为复合地基反力系数法，该方法的基本思想就是沿桩深度方向将桩周土应力应变关系用一组曲线来表示，即

p-y 曲线,如图 2-29(a)所示。在某深度 z 处,桩的横向位移 y 与单位桩长土反力合力之间存在一定的对应关系,如图 2-29(b)所示。

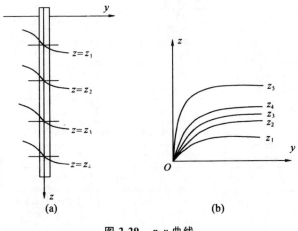

图 2-29　p-y 曲线

复合地基反力法又有长尚法、竹下法、斯奈特科法及 p-y 曲线法,广义上,这些方法都称为 p-y 曲线法。由于美国的马特洛克、里斯-考克斯根据实测及试验提出较符合实际的 p-y 曲线,被美国海洋结构规范所选用,并称为 p-y 曲线法。所以,现在 p-y 曲线法特指采用该类建立在实测及试验基础上的 p-y 曲线来进行计算的方法。

从理论上讲,p-y 曲线法是一种比较理想的方法,配合数值解法,可以计算桩内力及位移,当桩身变形较大时,这种方法与地基反力系数法相比有更大的优越性。

2. p-y 曲线的确定

(1)软黏土地基。

1)Matlock 根据现场试验资料提出,由室内试验取得土体不排水抗剪强度 C_u 沿深度分布规律,土体极限反力 p_u 按下面两式计算,并取其中小值。

$$p_u = 9C_u \tag{2-5-22}$$

$$p_u = \left(3 + \frac{\gamma z}{C_u} + \frac{J z}{b}\right) C_u \qquad (2\text{-}5\text{-}23)$$

式中：z 为计算点深度；γ 为由地面到计算深度 z 处的土加权平均重度；C_u 为土的排水抗剪强度；b 桩的边宽或直径；J 为试验系数，对软黏土有 $J = 0.5$。

2）计算土达到极限反力一半时的相应变形。

$$y_{50} = \rho \varepsilon_{50} d$$

式中：y_{50} 为桩周土达极限水平土抗力之半时相应桩的侧向水平变形（mm）；ρ 为相关系数，一般取 2.5；ε_{50} 为三轴试验中最大主应力差一半时的应变值，对饱和度较大的软黏土也可取无侧限抗压强度一半时的应变值，当无试验资料时，ε_{50} 可按表 2-17 采用；d 为桩径或桩宽（mm）。

表 2-17　ε_{50} 的取值

C_u/kPa	ε_{50}	C_u/kPa	ε_{50}
12～24	0.02	48～96	0.07
24～48	0.01		

3）确定 $p\text{-}y$ 曲线，由图 2-30 确定 $p\text{-}y$ 关系式

$$\frac{p}{p_u} = 0.5 \left(\frac{y}{y_{50}}\right)^{1/3}$$

（2）硬黏土地基。

1）按试验取得土的不排水抗剪强度值和重度沿深度的分布规律以及 ε_{50} 值。

2）用式（2-5-22）和式（2-5-23）给出的较小值作为极限反力 p_u，式（2-5-23）中 J 取 0.25。

3）计算土反力达到极限反力一半时的位移

$$y_{50} = \varepsilon_{50} b$$

4）确定 $p\text{-}y$ 曲线方程。

当 $y \geqslant 16 y_{50}$ 时

$$p = p_u$$

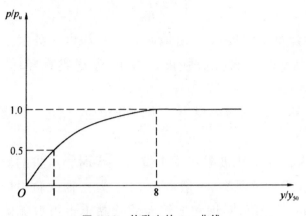

图 2-30 软黏土的 p-y 曲线

当 $y < 16y_{50}$ 时

$$\frac{p}{p_u} = 0.5 \left(\frac{y}{y_{50}}\right)^{1/4}$$

硬黏土地基 p-y 曲线如图 2-31 所示。

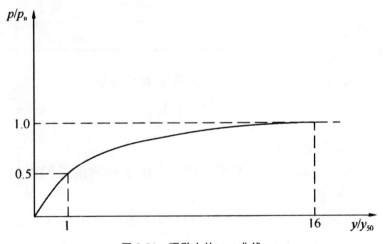

图 2-31 硬黏土的 p-y 曲线

（3） p-y 曲线法的计算参数对桩的弯矩和变形的影响。图 2-32 为 C_u 变化对 M_{max} 和 y_0 的影响，图 2-33 为砂土的 φ 角变化对 M_{max} 和 y_0 的影响。

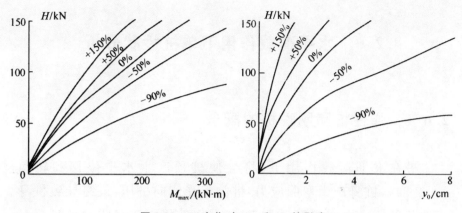

图 2-32　C_u 变化对 M_{max} 和 y_0 的影响

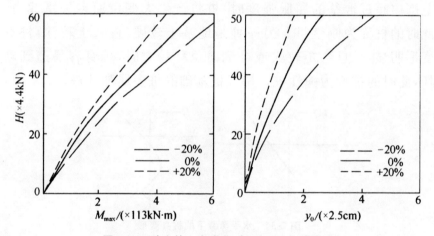

图 2-33　砂土的 φ 角变化对 M_{max} 和 y_0 的影响

可以看到,用 $p\text{-}y$ 曲线计算桩的弯矩和挠度时,对 y_0 和 M_{max} 的影响最大的是土的力学指标。用 $p\text{-}y$ 曲线法的计算结果能否与试桩实测值较好吻合,关键在于对黏性土不排水抗剪强度 C_u、极限主应力一半时的应变值 ε_{50}、砂性土的内摩擦角 φ 和相对密度 D_r 等取值是否符合实际情况。因此在桩基工程中必须重视上述土工指标的勘探和试验工作,从而提高 $p\text{-}y$ 曲线法的设计精度。

2.6 水平荷载作用下单桩性状分析

2.6.1 弹性桩和刚性桩的概念

桩在水平荷载作用下,将会使桩顶产生水平位移和转角(图 2-34),桩身产生弯曲应力,桩侧土受侧向挤压,最终导致桩身或地基破坏。由水平荷载引起的桩身变形通常有两种类型。一种是地基土较为松软,桩身短,变形不明显,一旦桩侧土在桩全长范围内超过地基的屈服强度时,桩将产生大变位而丧失承载力,此时的桩称为刚性桩。另一种是地基土较硬,桩入土较深,桩身变形明显,一旦弯矩较大或桩侧向位移较大时,桩身容易遭到破坏,此时的桩称为弹性桩。桥梁桩基础的桩多属弹性桩。

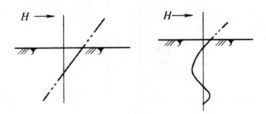

图 2-34 水平荷载下的桩身变形

刚性桩和弹性桩是按桩土相对刚度来定义的:
刚性桩

$$T \geqslant \frac{h}{2.5} \text{ 或 } \alpha h \leqslant 2.5$$

弹性桩

$$T < \frac{h}{2.5} \text{ 或 } \alpha h > 2.5$$

式中:T 为桩的相对刚度系数(m),$T = \sqrt[5]{EI/mb_1}$;α 为桩的变形系数(m^{-1}),$\alpha = \frac{1}{T}$;h 为桩的入土长度(m);E 为桩的抗弯弹性模

量(kN/m^2);I为截面惯性矩(m^4);m为地基比例系数(kN/m^4);b_1为桩的计算宽度(m)。

2.6.2 弹性桩和刚性桩的破坏形式

一般情况,刚性桩的破坏实质是桩侧土的破坏;弹性桩则主要是桩身材料的破坏。另外,基桩破坏形式还与桩顶约束条件有关。

1. 刚性桩的破坏

如图2-35(a)所示,对于桩顶自由的刚性桩,桩身发生转动时,会受到桩身侧土层的抗力,抗力产生的力矩与水平荷载相抗衡,当水平荷载超过抗力时,刚性桩因转动而破坏。

如图2-35(b)所示,对于桩顶受到承台或桩帽约束而不能产生转动的刚性桩,桩与承台将一起产生刚体平移,当平移达一定限度时,桩侧土体屈服而破坏。

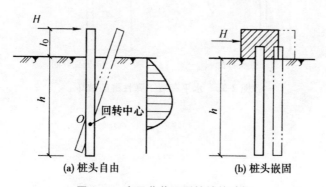

图2-35 水平荷载下刚性桩的破坏

2. 弹性桩的破坏

弹性桩的破坏机理与刚性桩不同,由于桩的埋入深度较大,桩下段几乎不能转动(图2-36)。在横向荷载作用下桩将发生挠曲变形,地基土沿桩轴从地表向下逐渐地出现屈服。桩体上产生的内力随着地基的逐渐屈服而增加,当桩身某点弯矩超过其截面抵抗矩或桩侧土体屈服失去稳定时,弹性桩便趋于破坏,其水平承载力由桩身材料的抗弯强度和侧向土抗力所控制。

当桩顶受约束时,其破坏状态也类似于上述弯曲破坏,但在桩顶与承台嵌固处也会产生较大的弯矩,因此,基桩也可能在该点破坏,如图 2-36(b)所示。

综上可见,桩的刚度影响着挠度,决定了桩的破坏机理,是影响单桩横向承载能力的主要因素之一。大量研究表明,影响单桩横向承载能力的因素很多,其中荷载的类型(如持续的、交替的或是振动的)对桩土体系的变形性能也具有一定的影响。

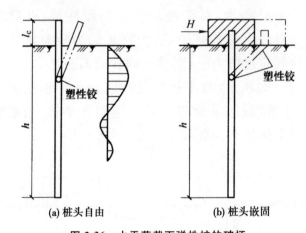

(a) 桩头自由　　　　　　　　　(b) 桩头嵌固

图 2-36　水平荷载下弹性桩的破坏

第3章　群桩承载力与变形

伴随我国城市化进程的加快,高层建筑大量涌现。桩基础作为最为传统的基础形式,采用越来越多。但是目前对于群桩基础,无论是在设计分析理论方面,还是在工程实践中,尚存在较多的问题和不足,有待进一步深入研究。

3.1　群桩竖向承载力计算

3.1.1　端承型群桩

端承型群桩的承台、桩、土相互作用小到可忽略不计,因而其承载力可取各单桩承载力之和。

3.1.2　摩擦型群桩

1. 以单桩极限承载力为参数的群桩效率系数法

以单桩极限承载力为已知参数,根据群桩效率系数计算群桩极限承载力,是一种沿用很久的传统简单方法。其群桩极限承载力计算式表达为

$$P_u = n\eta Q_u \tag{3-1-1}$$

式中:η 为群桩效率系数;n 为群桩中桩数;Q_u 为单桩的极限承载力。

群桩折减系数由下式确定

$$\eta = \frac{1}{1+\xi} \tag{3-1-2}$$

其中

$$\xi = 2A_1 \frac{m-1}{m} + 2A_2 \frac{n-1}{n} + 4A_3 \frac{(m-1)(n-1)}{mn} \tag{3-1-3}$$

又有

$$A_1 = \left(\frac{1}{3S_1} - \frac{1}{2L\tan\varphi}\right)d \tag{3-1-4}$$

$$A_2 = \left(\frac{1}{3S_2} - \frac{1}{2L\tan\varphi}\right)d \tag{3-1-5}$$

$$A_3 = \left(\frac{1}{3\sqrt{S_1^2 + S_2^2}} - \frac{1}{2L\tan\varphi}\right)d \tag{3-1-6}$$

其中,A_1、A_2、A_3 及 S_1、S_2 如图 3-1 所示。

根据以上公式,对于一些特殊布置形式的群桩,群桩效率系数 η 的计算公式可以简化。

比如,单排桩中 n 根桩之平均群桩效率系数为

$$\eta = \frac{1}{1+\xi} \tag{3-1-7}$$

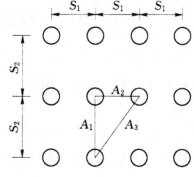

图 3-1　群桩布置示意图

其中

$$\xi = 2A_1 \frac{n-1}{n} \tag{3-1-8}$$

而对于柔性桩台,只需计算桩中桩距较小的受左右相邻桩影响的群桩效率系数

$$\eta = \frac{1}{1+\xi} \tag{3-1-9}$$

其中

$$\xi = A_1 + A_2 \tag{3-1-10}$$

《建筑地基基础设计规范》(JGJ 94—2008)规定,单桩竖向承

载力特征值 R_a 应按下式确定

$$R_a = \frac{1}{k} Q_{uk} \qquad (3\text{-}1\text{-}11)$$

式中：Q_{uk} 为单桩竖向极限承载力标准值；k 为安全系数，取 $k=2$。

对于端承型桩基、桩数少于 4 根的摩擦型桩基和由于地层土性、使用条件等因素不宜考虑承台效应时，基桩竖向承载力特征值取单桩竖向承载力特征值，$R=R_a$。

考虑承台效应的复合基桩竖向承载力特征值为

$$R = R_a + \eta_c f_{ak} A_c \qquad (3\text{-}1\text{-}12)$$

式中：η_c 为承台效应系数，可按表 3-1 取值；当计算基桩为非正方形排列时 $S_a = \sqrt{\dfrac{A}{n}}$，$A$ 为计算域承台面积，n 为总桩数；f_{ak} 为基底地基承载力特征值（1/2 承台宽度且不超过 5m 深度范围内的加权平均值）；A_c 为计算基桩所对应的承台底净面积，$A_c = (A - nA_p)/n$，A 为承台计算域面积，A_p 为桩截面面积，对于柱下独立桩基，A 为全承台面积；对于桩筏基础，A 为柱、墙筏板的 1/2 跨距和悬臂边 2.5 倍筏板厚度所围成的面积；桩集中布置于墙下的桩筏基础，取墙两边各 1/2 跨距围成的面积，按条基计算 η_c。

当承台底为可液化土、湿陷性土、高灵敏度软土、欠固结土、新填土时，沉桩引起超孔隙水压力和土体隆起时，不考虑承台效应，取 $\eta_c = 0$。

表 3-1　承台效应系数 η_c

B_c/L	S_a/d				
	3	4	5	6	>6
≤0.4	0.12~0.14	0.18~0.21	0.25~0.29	0.32~0.38	
0.4~0.8	0.14~0.16	0.21~0.24	0.29~0.33	0.38~0.44	0.60~0.80
>0.8	0.16~0.18	0.24~0.26	0.33~0.37	0.44~0.50	
单排桩条基	0.40	0.50	0.60	0.70	0.80

注　表中 S_a/d 为桩中心距与桩径之比；B_c/L 为承台宽度与有效桩长之比。对于桩布置于墙下的箱、筏承台，η_c 可按单排桩条基取值。

2. 以土强度为参数的极限平衡理论法

（1）低承台侧阻呈桩、土整体破坏。对于小桩距$(S_a \leqslant 3d)$挤土型低承台群桩，其侧阻一般呈桩、土整体破坏，即侧阻力的剪切破裂面发生于桩群、土形成的实体基础的外围侧表面（图 3-2）。因此，群桩的极限承载力计算可视群桩为"等代墩基"或实体深基础，取下面两种计算式之较小值。

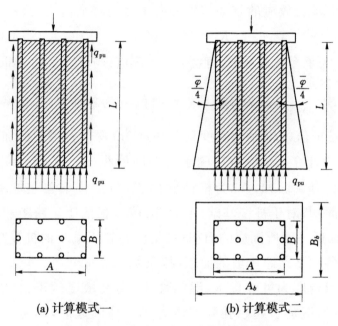

(a) 计算模式一   (b) 计算模式二

图 3-2 侧阻呈桩、土整体破坏的计算模式

一种模式是群桩极限承载力为等代、墩基总侧阻与总端阻之和为［图 3-2(a)］

$$P_u = P_{su} + P_{pu} = 2(A+B)\sum l_i q_{sui} + AB q_{pu} \quad (3-1-13)$$

另一种模式是假定等代墩基或实体深基外围侧阻传递的荷载呈$\bar{\varphi}/4$角度扩散分布于基底，该基底面积为［图 3-2(b)］

$$F_e = A_b B_b = \left(A + 2L\tan\frac{4}{\bar{\varphi}}\right)\left(B + 2L\tan\frac{4}{\bar{\varphi}}\right) \quad (3-1-14)$$

相应的群桩极限承载力为

$$P_u = F_e \bar{q}_{pu} \quad (3-1-15)$$

式中：q_{sui} 为桩侧第 i 主层土的极限侧阻力；q_{pu} 为等代墩基底面单位面积极限承载力；A、B、L 分别为等代墩基底面的长度、宽度和桩长（图 3-2）；$\bar{\varphi}$ 为桩侧各土层内摩擦角的加权平均值。

极限侧阻 q_{su} 的计算可采用单桩极限侧阻力土强度参数计算法（α 法、β 法或 γ 法）；就我国目前工程习惯而言，经验参数法使用较普遍，因而也可采用这两种方法计算结果比较取值。

极限端阻力的计算，主要可以采取地质报告估算、经典理论计算以及现场试验来确定。

1）地质报告估算。工程地质报告中提供了桩端持力层极限端阻特征值，可以此来计算极限端阻力。

2）经典理论计算极限端阻力 q_{pu}。对于桩端持力土层较密实，桩长不大（等代墩基的相对埋深较小）或密实持力层上覆盖软土层的情况，可按整体剪切破坏模式计算。等代墩基基底极限承载力可采用太沙基的浅础极限平衡理论公式计算。考虑到桩、土形成的等代墩基基底是非光滑的，故采用粗糙基底公式。极限端阻力表达式为条形基底

$$q_{pu} = cN_c + \gamma_1 hN_q + 0.5\gamma_2 BN_r \tag{3-1-16}$$

方形基底

$$q_{pu} = 1.3cN_c + \gamma_1 hN_q + 0.4\gamma_2 BN_r \tag{3-1-17}$$

圆形基底

$$q_{pu} = 1.3cN_c + \gamma_1 hN_q + 0.6\gamma_2 BN_r \tag{3-1-18}$$

式中：N_c、N_q、N_r 反映土黏聚力 c、边载 q、滑动区土自重影响的承载力系数，均为内摩擦角 φ 的函数，查图 3-3 确定；γ_1、γ_2 分别为基底以上土和基底以下基宽深度范围内土的有效重度；B、h 分别为基底宽度和埋深。

（2）侧阻呈桩土非整体破坏。各桩呈单独破坏，即侧阻力的剪切破裂面发生于各基桩的桩土界面上或近桩表面的土体中。这种非整体破坏多见于非挤土型群桩及饱和土中的挤土型高承台群桩。其极限承载力的计算，若忽略群桩效应以及承台分担荷载的作用，可按下式计算

$$P_u = P_{su} + P_{pu} = nU \sum l_i q_{sui} + nA_p q_{pu} \qquad (3\text{-}1\text{-}19)$$

式中:U 为桩的周长;q_{su}、q_{pu} 可按单桩所述方法进行计算。

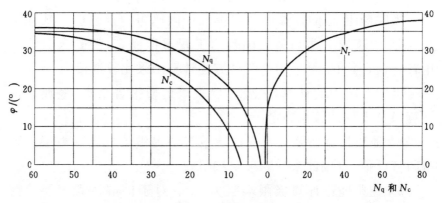

图 3-3　承载力系数

3. 以侧阻力、端阻力为参数的经验计算法

(1) 侧阻呈桩、土整体破坏。群桩极限承载力的计算基本表达式与式(3-1-13)相同。计算所需单桩极限侧阻 q_{su}、极限端阻 q_{pu}的确定,可根据具体条件、工程的重要性通过单桩原型试验法、土的原位测试法、经验法确定。

$$P_u = P_{su} + P_{pu} = 2(A + B) \sum l_i q_{sui} + AB\eta_b q_{pu}$$
$$(3\text{-}1\text{-}20)$$

如前所述,大直径桩极限端阻值低于常规直径桩的极限端阻值,因此,对于类似于大直径桩的"等代墩基"的极限端阻值也随平面尺寸增大而降低,故 q_{pu}值应乘以折减系数 η_b:

$$\eta_b = \left(\frac{0.8}{D}\right)^n \qquad (3\text{-}1\text{-}21)$$

式中:D 为等代墩基底面直径或短边长度,n 根据土性取值。

(2) 侧阻呈桩、土非整体破坏。群桩极限承载力计算的基本表达式与式(3-1-13)相同,计算所需 q_{su}、q_{pu}的确定同上。

当试验单桩的地质、几何尺寸、成桩工艺等与工程桩一致时,则可按下式确定群桩极限承载力

$$P_u = nQ_u \tag{3-1-22}$$

式中：Q_u 为单桩的极限承载力。

3.2　竖向荷载作用下群桩性状分析

3.2.1　双桩效应

1. 邻桩应力重叠系数(或折减率) A_s 的确定

假定在黏性土中的桩为摩擦桩,忽略桩尖阻力,桩侧摩阻力沿桩身均匀分布,由于桩侧摩阻力的扩散作用,桩距小于 $6d$ 的邻桩分布的应力互相重叠,致使邻桩桩尖处土受到的极限压应力比单桩大,从而引起桩的刺入破坏或过大的沉降。为了改善以上情况,则相邻的群桩中每根桩的平均承载力必须小于单桩的承载力,其减小的比例,可用邻桩传来的重叠应力 σ_s 与单桩桩尖最大应力 σ_{max} 的比值 A_s 来表示

$$A_s = \frac{\sigma_s}{\sigma_{max}} = \frac{d\left[s^3 - \left(\dfrac{d}{2} + l\tan\varphi\right)^3\right]}{6sl\tan\varphi\left(\dfrac{d}{2} + l\tan\varphi\right)^2} + \frac{d\left(\dfrac{d}{2} + l\tan\varphi - s\right)}{2sl\tan\varphi}$$

$$\tag{3-2-1}$$

将式(3-2-1)高次项 $\dfrac{s^3}{6sl\tan\varphi\left(\dfrac{d}{2} + l\tan\varphi\right)^2}$ 和 $\dfrac{d}{2}$ 等略去,则 A_s

可简化为

$$A_s = \frac{\sigma_s}{\sigma_{max}} = \left(\frac{1}{3s} - \frac{1}{2l\tan\varphi}\right)d \tag{3-2-2}$$

式中：l 为相邻桩的平均入土深度；φ 为土的内摩擦角,当成层土时,可近似地取桩入土深度范围内土的 φ 角的加权平均值；s 为桩距,以相邻桩平均入土深度的桩尖平面为计算平面处起算；d 为桩径或边长。

2. 双桩效率系数的确定

如图 3-4 所示的双桩,当距桩①的间距为 s 处打一桩②,在 $s < 6d$(间距较近)时,则由于桩侧摩阻力的扩散作用,在桩①的桩尖下的轴线上产生应力重叠,增加一个桩②传来的重叠应力 σ_s,但因通过单桩试桩知桩①底端处最大极限应力只能达到 σ_{max},故桩①底端轴线处就因应力交叉而要减少一个 σ_s 的应力,不然将引起桩①的刺入破坏或过大的沉降,而该桩底端轴线处剩余的有效应力则为 $\sigma_{max} - \sigma_s = (1 - A_s)\sigma_{max}$。桩②又因桩①的影响,其底端轴线处同样因应力的扩散交叉,又要减少一个 $(1 - A_s)A_s\sigma_{max}$ 的应力,其轴线处剩余的有效应力则为 $\sigma_{max} - (1 - A_s)A_s\sigma_{max}$,该桩底剩余的有效应力与单桩在同一条件下(同一土质桩径和入土深度)达极限荷载时桩底最大应力 σ_{max} 之比,即为桩②的近似效应系数。

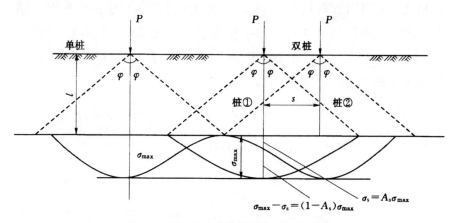

图 3-4　双桩应力重叠与单桩应力比较图

以此类推,可导出双桩平均的效率系数

$$E = 1 - A_s + A_s^2 - A_s^3 + A_s^4 - \cdots + (-1)^n A_s^n = \frac{1}{1 + A_s}$$

$$(3-2-3)$$

式中: A_s 可按式(3-2-3)求得。对重要工程,或桩数较多、地层复杂的群桩,除做单桩的试桩外,尚应加做双桩的试桩,以便由试验求出实际的 A_s。

3.2.2　群桩效应

1. 四桩承台中不同桩距群桩效应的离心实验

群桩在受竖向荷载时的群桩效应以及承载特性,可采用离心模型试验进行研究,有研究者对桩距分别为 2D、3D、4D 和 5D 的 4 组 4 桩低承台群桩进行了试验研究。离心试验模型桩桩位布置如图 3-5 所示。

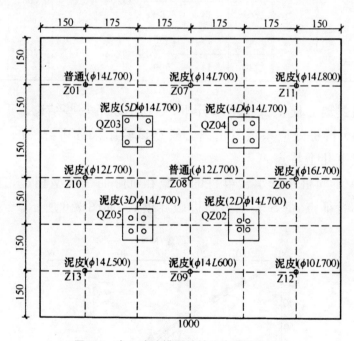

图 3-5　离心试验模型桩桩位布置图(mm)

模型地基土层的主要性质见表 3-2,单桩与群桩离心试验桩参数见表 3-3。

表 3-2　离心实验模型地基土层的主要性质

土名	厚度/cm	含水量 w/%	密度 ρ/(g/cm³)	压缩系数/MPa⁻¹
淤泥质黏土	65	36.5	1.64	1.81
粉砂	25	18.5	2.05	

表 3-3　四桩承台中单桩与群桩离心试验桩参数

单　桩						群　桩			
编号	桩径/mm	桩长/mm	编号	桩径/mm	桩长/mm	编号	桩径/mm	桩长/mm	桩距/nD
Z08	12	700	Z06	16	700	QZ02	14	700	2
			Z10	12	700	QZ05	14	700	3
			Z12	10	700				
Z01	14	700	Z11	14	800	QZ04	14	700	4
			Z07	14	700				
			Z09	14	600	QZ03	14	700	5
			Z13	14	500				

通过离心模型试验结果分析,得到了以下一些结论。

（1）群桩效应系数。由离心模型试验结果分析群桩的效应系数有以下几个特点。

1）不同桩距低承台群桩的荷载和沉降曲线线型相近,且无明显破坏特征点,Q-S 表现为渐进破坏模式,如图 3-6 所示。

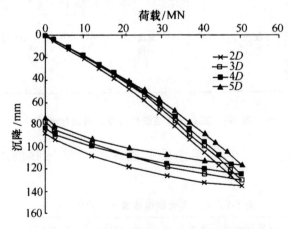

图 3-6　不同桩距群桩荷载和沉降关系曲线

2）群桩极限承载力随桩距的增大而增大,不过加载前期承载力增大效果并不明显。

3）由于群桩没有明显的陡降点，故按规范取桩顶沉降为60mm 时荷载为极限荷载，根据上述方法确定的群桩极限承载力及对应的沉降列于表 3-4。

表 3-4　四桩承台中不同桩距群桩极限承载力

群桩桩距	2 倍桩径	3 倍桩径	4 倍桩径	5 倍桩径
桩径/mm	1400	1400	1400	1400
桩长/m	70	70	70	70
极限承载力/MN	26.1	27.7	28.6	30.8
沉降/mm	60	60	60	60

群桩极限承载力随桩距的增大而增大表明群桩效应系数也随着桩距的增加而增大。

4）四桩承台中不同桩距群桩效应系数见表 3-5。

表 3-5　四桩承台中不同桩距群桩效应系数表

群桩类型	桩间距 2D 的群桩	桩间距 3D 的群桩	桩间距 4D 的群桩	桩间距 5D 的群桩
群桩极限承载力/MN	26.1	27.7	28.6	30.8
单桩极限承载力/MN	7.446	7.446	7.446	7.446
群桩效应系数 1	0.88	0.93	0.96	1.03

由上表可知，对于处于软土地基中的低承台钻孔群桩，桩间距 2D 时的群桩效应系数 η 为 0.88，桩间距为 3D 时的群桩效应系数 η 为 0.93，桩间距为 4D 时的群桩效应系数 η 为 0.96，桩间距为 5D 时的群桩效应系数 η 为 1.03。

试验表明，摩擦型桩群桩效应系数为 0.88～1.03。同时随着桩间距的增大，群桩效应系数不断增大，因此在实际设计过程中，适当增大桩间距能使得群桩的承载力得以充分发挥。

（2）群桩效应中桩端阻的变化。由离心模型试验结果分析群桩效应中端阻的变化有以下几个特点。

1）群桩桩身轴力随深度的增加而递减，即使在低荷载水平作用下，其轴力也是自上而下递减的，这说明桩侧摩阻力是自上而下发挥的。

2）极限荷载下不同桩距的群桩桩身都是上部轴力变化小，中下部变化较大，如图3-7所示。同时随桩距的增大，桩身承担的荷载也越大，即随着桩距的增加，单桩承受更大的上部荷载。

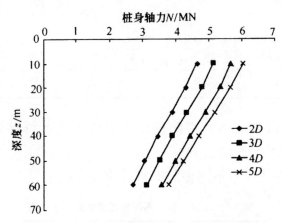

图3-7　极限荷载下不同桩距桩身轴力沿深度的变化

3）群桩的端阻力不仅与桩端持力层强度与变形性质有关，而且因承台、邻桩的相互作用而变化。端阻力主要受桩距、承台等因素的影响。

（3）群桩效应中桩侧阻力的变化。由离心模型试验结果分析群桩效应中桩侧阻力的变化有以下几个特点。

1）极限荷载水平下单桩与群桩侧摩阻力。如图3-8所示为在极限荷载水平下单桩与群桩桩侧摩阻力沿桩身分布的曲线图，从图中可以看出，群桩中任一根桩的侧阻发挥性状都不同于单桩，其侧阻发挥值小于单桩。还可以看出，群桩上部的侧阻发挥远小于单桩的侧阻值。

2）群桩中桩侧摩阻力随深度的变化。群桩中各桩桩身摩阻力是自上而下逐渐发展的，与单桩侧阻发挥相似。不过群桩中各桩桩身中部的侧阻最大，上部侧阻则明显小于下部桩身的侧阻，

且没有出现软化现象,同时桩下部侧阻值随着桩距的不断增大而
增大。不过随着桩距的不断增加,侧阻的相互影响减弱,使得桩
下部的侧阻随荷载的增加比中上部发挥更加迅速,如图 3-9 所示。

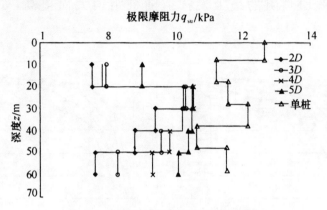

图 3-8　极限荷载作用下单桩与群桩中

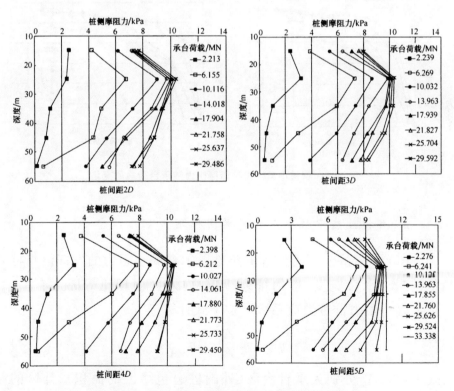

图 3-9　群桩中某一根桩侧摩阻力随深度的变化

3) 群桩中桩侧摩阻力随承台荷载的变化。在荷载水平超过群桩极限荷载的情况下,桩侧摩阻力仍然有持续的发展。比较各桩距的群桩侧阻极限值可以看出,大桩距群桩高于小桩距群桩,即群桩平均侧阻的最大发挥值随桩距增大而提高,如图 3-10 所示。

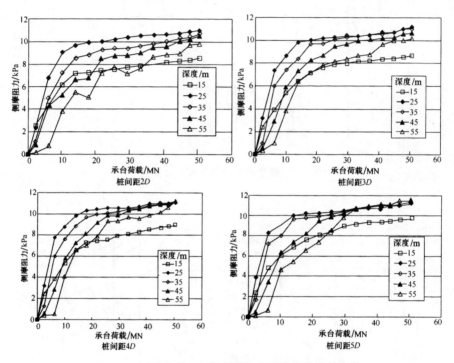

图 3-10　群桩中某一根桩侧摩阻力随承台荷载的变化

2. 群桩效应中桩土承台的共同作用

(1) 承台底土阻力发挥的条件。承台底土阻力的发挥值与桩距、桩长、承台宽度、桩的排列、承台内外区面积比等因素有关。承台底土阻力群桩效应系数可按下式计算

$$\eta_c = \eta_c^i \frac{A_c^i}{A_c} + \eta_c^e \frac{A_c^e}{A_c} \qquad (3\text{-}2\text{-}4)$$

式中:A_c^i、A_c^e 分别为承台内区(外围桩边包络区的面积)、外区的净面积,则承台底总面积为 $A_c = A_c^i + A_c^e$;η_c^i、η_c^e 分别为承台内、外

区土阻力群桩效应系数,按表 3-6 选用。

表 3-6　承台内、外区土阻力群桩效应系数

B_c/l	S_a/d							
	η_c^i				η_c^e			
	3	4	5	6	3	4	5	6
≤0.20	0.11	0.14	0.18	0.21				
0.40	0.15	0.20	0.25	0.30				
0.60	0.19	0.25	0.31	0.37	0.63	0.75	0.88	1.00
0.80	0.21	0.29	0.36	0.43				
≥1.00	0.24	0.32	0.40	0.48				

注　d 为桩径。

(2) 承台土反力与桩、土变形的关系。桩顶受竖向荷载而向下位移时,桩土间的摩阻力带动桩周土产生竖向剪切位移。现采用 Randolph 等(1978)建议的均匀土层中剪切变形传递模型来描述桩周土的竖向位移,由式(3-2-5),离桩中心任一点 r 处的竖向位移为

$$W_r = \frac{q_{sd}}{2G}\int_r^{nd}\frac{\mathrm{d}r}{r} = \frac{1+\mu_s}{E_0}q_s d\ln\frac{nd}{r} \qquad (3\text{-}2\text{-}5)$$

由式(3-2-5)可看出,桩周土的位移随土的泊松比 μ_s、桩侧阻力 q_s、桩径 d、土的变形范围参数 n(随土的抗拉强度,荷载水平提高而增大,$n=8\sim15$)增大而增大,随土的弹性模量 E_0、位移点与桩中心距离 r 增大而减小。对于群桩,桩间土的竖向位移除随上述因素而变化外,还因邻桩影响增加而增大,桩距愈小,相邻影响愈大。承台土反力的发生是由于桩顶平面桩间土的竖向位移小于桩顶位移产生接触压缩变形所致。

如图 3-11 所示为粉土中群桩承台内、外区平均正反力随桩基沉降的变化。从中看出,承台外区土反力与沉降关系 $\sigma_c^{ex}\text{-}s$ 同平板试验的 $P\text{-}s$ 曲线接近,说明承台外区受桩的影响较小;承台内区土反力与沉降关系 $\sigma_c^{in}\text{-}s$ 与外区 $\sigma_c^{ex}\text{-}s$,明显不同,前者在桩侧阻力

达极限值以前呈拟线性关系,侧阻达极限后,出现反弯。对于大桩距 $S_a = 6d$,其承台内、外区土反力-沉降曲线差异不大。

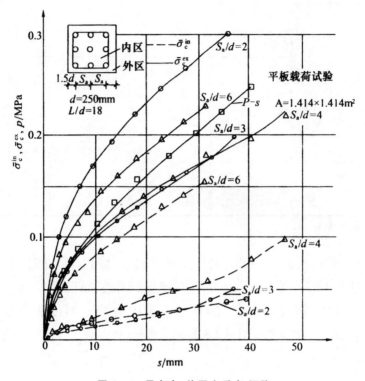

图 3-11　承台内、外区土反力-沉降

上述试验结果反映了桩、土变形对承台土反力的影响。

(3) 承台土反力的分布特征。

1) 非饱和粉土中群桩的承台土反力。非饱和粉土中柱下独立桩基不同桩距承台土反力分布图如图 3-12 所示。

由表 3-7 看出,当桩距由 $2d$ 增至 $6d$ 时,外、内区平均土反力比 $\bar{\sigma}_c^{ex}/\bar{\sigma}_c^{in}$,在 1/2 极限荷载下由 9.8 降至 1.7;在极限荷载下由 8.1 降至 1.5。承台外、内区分担荷载比 p_c^{ex}/p_c^{in} 随桩距增大而明显减小,在 1/2 极限荷载下由 13.5 降至 0.6。这是由于 $\bar{\sigma}_c^{ex}/\bar{\sigma}_c^{in}$、$A_c^{ex}/A_c^{in}$ 均随桩距增大而减小所致(A_c^{ex}、A_c^{in} 分别为承台外、内区有效面积)。

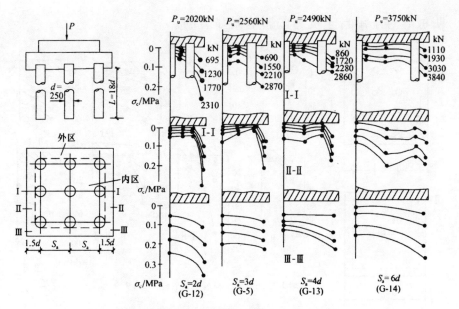

图 3-12　粉土中不同桩距承台土反力分布

表 3-7　不同桩距群桩($L=18d$, $n=3 \times 3$)承台外、内区土反力

桩距 S_a	2d		3d		4d		6d	
荷载 p/kN	$p_u/2$	p_u	$p_u/2$	p_u	$p_u/2$	p_u	$p_u/2$	p_u
	1010	2020	1280	2560	1245	2490	1875	3750
外区 $\bar{\sigma}_c^{ex}$/MPa	0.148	0.298	0.082	0.173	0.088	0.182	0.111	0.225
内区 $\bar{\sigma}_c^{in}$/MPa	0.015	0.037	0.011	0.037	0.019	0.055	0.064	0.147
$\bar{\sigma}_c^{ex}/\bar{\sigma}_c^{in}$	9.8	8.1	7.5	4.7	4.6	3.3	1.7	1.5
A_c^{ex}/A_c^{in}	1.34		0.76		0.54		0.35	
p_c^{ex}/p_c^{in}	13.5	11.2	5.93	3.71	2.03	1.78	0.60	0.53

　　2)饱和软土中群桩的承台土反力。如图 3-13 所示为饱和软土中柱下独立桩基不同桩距的承台及平板基础土反力分布图。从中看出,承台土反力分布图形与粉土中群桩是相似的,但对于常规桩距($3d \sim 4d$),其内、外区土反力差异更大。平板基础的土反力分布图形明显不同于带桩的承台,其内、外差异较小。这说

明桩群对于承台土反力的影响是显著的。

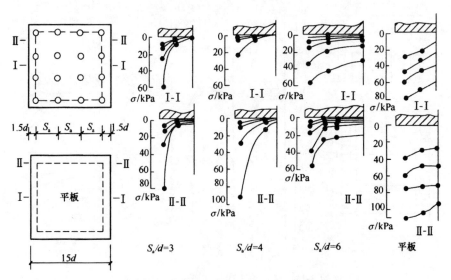

图 3-13　饱和软土中不同桩距承台及平板基础土反力分布

（4）承台荷载分担比影响因素。桩基承台分担荷载的比率随承台底土性、桩侧与桩端土性、桩径与桩长、桩距与排列、承台内、外区的面积比、施工工艺等诸多因素而变化。根据现有试验与工程实测资料，承台分担荷载比率可由 0 变至 $60\% \sim 70\%$。

如图 3-14 所示为非饱和粉土中的钻孔群桩的几何参数对承台分担荷载比的影响以及承台分担荷载 P_c/P 随荷载水平 P/P_u 的变化关系（其中 P_c 为承台底分担荷载量；P 为外加荷载；P_u 为群桩极限荷载）。

当承台底面以下不存在湿陷性土、可液化土、高灵敏度软土、新填土、欠固结土，并且不承受经常出现的动力荷载和循环荷载时，可考虑承台分担荷载的作用。承台分担荷载极限值可按下式计算：

$$P_{cu} = \eta_c f_{ck} A_c \qquad (3\text{-}2\text{-}6)$$

式中：η_c 为承台土反力群桩效应系数，可按式（3-2-6）确定；f_{ck} 为承台底地基土极限承载力标准值；A_c 为承台有效底面积。

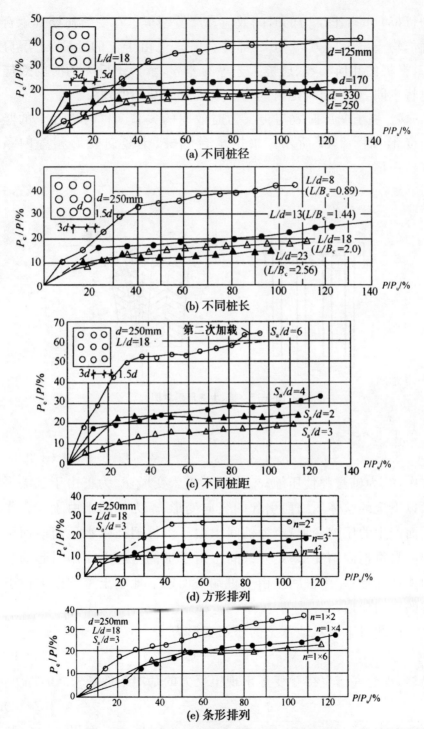

图 3-14　承台荷载分担比随荷载水平（P/P_u）的变化

（5）承台土反力的时间效应。摩擦型群桩在受荷初期其承台底部均产生土反力，分担一部分荷载。但由于土的性质、土层分布、群桩的几何参数、成桩工艺等的差异，承台土反力的时间效应也将不同，可能出现随时间增长或随时间减小的现象。

1）桩土变形时效与土反力时效间的关系。桩与桩间土的竖向变形如图 3-15 所示。根据承台底桩、土竖向变形相等的条件，有

$$\delta_e + \delta_p + \delta_g = s_c + s_r + s_g \tag{3-2-7}$$

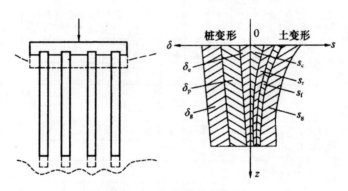

图 3-15　桩、土变形示意图

由于 $\delta_g = s_g$，故

$$\delta_e + \delta_p = s_c + s_r + s_f \tag{3-2-8}$$

式中：δ_e 为桩身弹性压缩；δ_p 为桩端贯入变形；δ_g 为桩由于桩端平面以下土的整体压缩而引起的竖向变形；s_c 为桩间土由于承台作用而产生的压缩变形；s_r 为桩间土由于沉桩超孔隙水压消散而引起的自重再固结变形；s_f 为桩间土由于桩侧剪应力作用引起的竖向剪切变形；s_g 为桩间土由于桩端平面以下地基土整体压缩而引起的竖向变形。

由此得承台对地基土的压缩变形为

$$s_c = \delta_e + \delta_p - (s_r + s_f) \tag{3-2-9}$$

显然，承台底产生接触变形出现土反力的基本条件是 $s_c > 0$，即

$$\delta_e + \delta_p > s_r + s_f \tag{3-2-10}$$

由于式（3-2-10）中不包含 $\delta_g(s_g)$，说明桩底平面以下土的整

体压缩不影响承台土反力。

加载的初始阶段，地基土尚未出现自重固结，$s_r \approx 0$，即 $\delta_e + \delta_p > s_f$。因此加载初期，摩擦型群桩的承台底都会产生土反力，分担数值不等的荷载。

承台底桩间土由于受桩的约束，侧向变形和相邻影响较小，因而可假定其符合温克尔模型，承台土反力 σ_c 可表示为

$$\sigma_c = K_z s_c = K_z[\delta_e + \delta_p - (s_r + s_f)] \qquad (3\text{-}2\text{-}11)$$

式中：K_z 为地基土竖向反力系数（基床系数）。

式（3-2-11）中桩的弹性压缩 δ_e 可视为不随时间而变，$\dfrac{d\delta_e}{dt} = 0$，因此，加载后一定时间内承台土反力的时效可用下列方程描述

$$\frac{d\sigma_c}{dt} = K_z\left[\frac{d\delta_p}{dt} - \left(\frac{ds_r}{dt} + \frac{ds_f}{dt}\right)\right] \qquad (3\text{-}2\text{-}12)$$

由式（3-2-12）可知，当 $\dot{\delta}_p = \dot{s}_r + \dot{s}_f$，承台土反力保持恒定；当 $\dot{\delta}_p > \dot{s}_r + \dot{s}_f$，$\dot{\sigma}_c > 0$，即当桩端贯入变形增长率大于桩间土竖向变形增长率，承台土反力将随时间而增长；当 $\dot{\delta}_p < \dot{s}_r + \dot{s}_f$，$\dot{\sigma}_c < 0$，即当桩间土竖向变形随时间的增长率大于桩端贯入变形增长率，承台土反力将随时间而减小。

由上述分析可知，影响承台土反力时效的因素中，桩端贯入变形是主导因素。当桩端持力层不太硬，基桩荷载水平较高时，桩、土间出现剪切滑移，桩端贯入变形 δ_p 较大，导致 σ_c 初值也较大。若因桩间土固结变形而引起 σ_c 减小，其荷载转移到基桩，δ_p 再度增大，从而使 σ_c 增大，如此循环直至桩基沉降稳定。

2) 非饱和粉土中钻孔群桩承台土反力的时间效应。如图 3-16 所示为非饱和粉土中钻孔群桩长期荷载试验的沉降、承台总土抗力随时间的变化关系。从中看出，承台土反力随时间而有所增长，104 天内增长 15%，相应地，桩侧阻力略有降低，端阻略有增加。承台土反力、侧阻、端阻随时间的变化同沉降随时间的变化大体成对应关系。这表明，非饱和土中的群桩，桩端贯入变形随时间的增量大于桩间土竖向变形随时间的增量，从而能维持承

台土反力不致随时间减小,相反,有所增大。

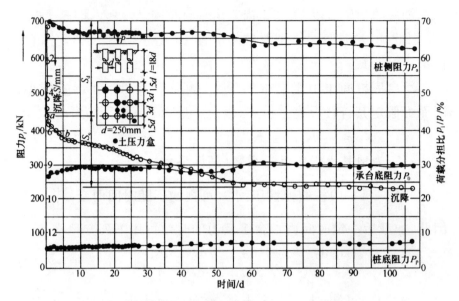

图 3-16　非饱和粉土中钻孔群桩承台土反力、沉降-时间关系

　　由此可见,非饱和土中的摩擦型群桩,其承台土反力随时间有所增长,其分担荷载的作用是可靠的。

　　3)饱和黏性土中承台土反力的时间效应。如图 3-17 所示为上海饱和软土地基上一栋12层(另加一层地下室)建筑物桩箱基础的实测承台土反力、桩反力、桩基沉降随时间的变化曲线。如图 3-18 所示为同一建筑基桩分担荷载比随时间的变化。该建筑的箱式承台平面尺寸为 25.2m×12.9m,传递到承台底的压力为228kPa(其中活载 43kPa);基桩为 82 根 450mm×450mm×2550mm 钢筋混凝土预制桩,沿箱基墙下单排布置。地基条件自承台底依次为淤泥质粉质黏土、淤泥质黏土、灰色黏土、灰色粉质黏土,桩端持力层为暗绿色粉质黏土。

　　由图 3-17 和图 3-18 看出,施工初期(84.7.1~85.3.8),总土反力(包括水浮力)变化较大。在浇注完基础底板和基础梁后,由于结构刚度较小,70%的荷载由承台底基土分担;随着建造层数增高,结构刚度增大,承台土反力增长相应减缓,基桩分担荷载比增大。当建至七层顶板时,基坑回填完毕,停止抽水,地下水位上升约 2m,水浮力增大,有效土反力减小。此后随着荷载增加,沉降逐渐增大,有效土反力逐渐增大,至建筑竣工,总土反力增至 53kPa;随着沉降发展,其总土反力增至约 60kPa,有效土反力增至约 20kPa,分担总荷载约 10%。观测结果表明,软土地基上的群桩承台土反力并未呈现出随时间而减小的现象。

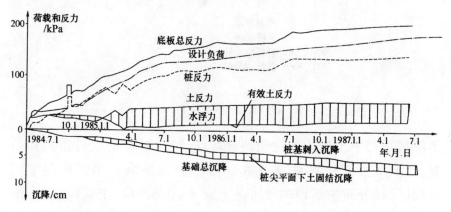

图 3-17　饱和软土地基承台土反力、桩反力、沉降随时间的变化

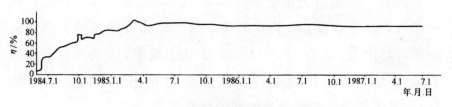

图 3-18　基桩分担荷载比随时间的变化

3. 群桩效应的桩顶荷载分布

由于承台、桩群、土相互作用效应导致群桩基础各桩的桩顶荷载分布不均。一般来说,角桩的荷载最大,边桩次之,中心桩最小。如图 3-19 所示为某工程钢管桩的静载荷试桩成果,桩长75m,桩径 ϕ750mm,管桩壁厚 14mm。

荷载分布的不均匀度随承台刚度的增大、桩距的减小、可压缩性土层厚度的增大、土的抗拉强度(黏聚力)提高而增大。桩顶荷载的分布在一定程度上还受成桩工艺的影响,对于挤土桩,由

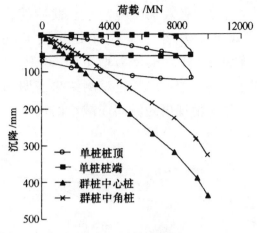

图 3-19 单桩和群桩的 P-s 曲线

于沉桩过程中土的均匀性受到破坏,已沉入桩被后沉桩挤动和抬起,因而沉桩顺序对桩顶荷载分布有一定影响。如由外向里沉桩,其荷载分布的不均匀度可适当减小,但沉桩挤土效应显著,沉桩难度更大。

如图 3-20 所示为粉土中桩径 $d=250$mm、桩长 $L=18d$、桩数 $n=3\times3$、桩距 $S_a/d=3$ 和 6 的柱下独立钻孔群桩基础实测各桩桩顶荷载比 $Q_i/\overline{Q}$[$\overline{Q}=(P-P_c)/9$,P 为总荷载,P_c 为承台分担的荷载]随桩顶平均荷载 $\overline{Q}$ 的变化情况,并给出了采用 Poulos 和 Davis 基于线弹性理论导出的解的计算结果。

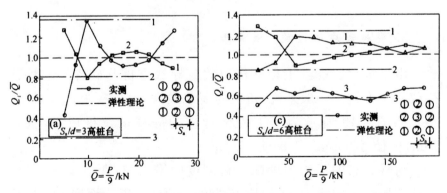

图 3-20 群桩桩顶荷载分配比 $Q_i/\overline{Q}$ 随桩距、荷载的变化及其与弹性理论解比较

$d=250$mm;$L/d=18$;P—总荷载;P_c—承台底土反力和

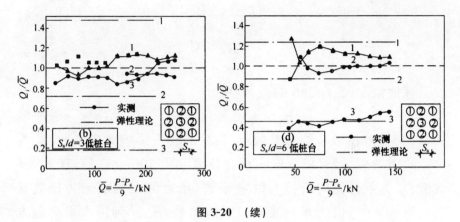

图 3-20　（续）

由上述试验结果可知,对于非密实的具有加工硬化特性的非密实粉土、砂土中的柱下独立群桩基础,在验算基桩承载力时,计算承台抗冲切、抗剪切、抗弯承载力时,可忽略桩顶荷载分布的不均,按传统的线性分布假定考虑。

3.3　群桩水平承载力计算

3.3.1　低承台群桩基础

群桩基础(不含水平力垂直于单排桩基纵向轴线和力矩较大的情况)的基桩水平承载力特征值应考虑由承台、桩群、土相互作用产生的群桩效应,可按下列公式确定

$$R_h = \eta_h R_{ha} \qquad (3\text{-}3\text{-}1)$$

考虑地震且 $S_a/d \leqslant 6$ 时,

$$\eta_h = \eta_i \eta_r + \eta_l \qquad (3\text{-}3\text{-}2)$$

$$\eta_i = \frac{\left(\dfrac{S_a}{d}\right)^{0.015n_2 + 0.45}}{0.15n_1 + 0.10n_2 + 1.9} \qquad (3\text{-}3\text{-}3)$$

$$\eta_l = \frac{m \cdot x_{0a} \cdot B'_c \cdot h_c^2}{2 \cdot n_1 \cdot n_2 \cdot R_{ha}} \tag{3-3-4}$$

$$x_{0a} = \frac{R_{ha} \cdot V_x}{\alpha^3 \cdot EI} \tag{3-3-5}$$

其他情况($S_a/d \geqslant 6$ 的复合桩):

$$\eta_h = \eta_i \eta_r + \eta_l + \eta_b \tag{3-3-6}$$

式中:η_h 为群桩效应综合系数;η_i 为桩的相互影响效应系数;η_r 为桩顶约束效应系数(桩顶嵌入承台长度 $50 \sim 100$mm 时),按表 3-8 取值;η_l 为承台侧向土抗力效应系数(承台侧面回填土为松散状态时取 $\eta_l = 0$);η_b 为承台底摩阻效应系数;S_a/d 为沿水平荷载方向的距径比;n_1、n_2 分别为沿水平荷载方向与垂直水平荷载方向每排桩中的桩数;m 为承台侧面土水平抗力系数的比例系数;x_{0a} 为桩顶(承台)的水平位移允许值,当以位移控制时,可取 $x_{0a} = 10$mm(对水平位移敏感的结构物取 $x_{0a} = 6$mm);当以桩身强度控制(低配筋率灌注桩)时,可近似按式(3-3-5)确定;V_x 为桩顶水平位移系数;B'_c 为承台受侧向土抗力一边的计算宽度;B_c 为承台宽度;h_c 为承台高度(m);μ 为承台底与基土间的摩擦系数,可按表 3-9 取值;P_c 为承台底地基土分担的竖向总荷载标准值;η_c 为按《建筑桩基技术规范》(JGJ 94—2008)第 5.2.5 条确定,此条规定当承台底为可液化土、湿陷性土、高灵敏度软土、欠固结土、新填土时,沉桩引起超孔隙水压力和土体隆起时,不考虑承台效应,取 $\eta_c = 0$。此条中关于承台效应系数的取法见表 3-10;A 为承台总面积;A_{ps} 为桩身截面面积。

表 3-8 桩顶约束效应系数 η_r

换算深度(αh)	2.4	2.6	2.8	3.0	3.5	$\geqslant 4.0$
位移控制	2.58	2.34	2.20	2.13	2.07	2.05
强度控制	1.44	1.57	1.71	1.82	2.00	2.07

注:$\alpha = \sqrt{\dfrac{mb_0}{EI}}$,$h$ 为桩的入土深度。

表 3-9　承台底与基土间的摩擦系数 μ

土 的 类 别		摩擦系数 μ
黏性土	可塑	0.25～0.30
	硬塑	0.30～0.35
	坚硬	0.35～0.45
粉土	密实、中密(稍湿)	0.30～0.40
	中砂、粗砂、砾砂	0.40～0.50
	碎石土	0.40～0.60
	软岩、软质岩	0.40～0.60
	表面粗糙的较硬岩、坚硬岩	0.65～0.75

表 3-10　承台效应系数 η_c

B_c/l	S_a/d				
	3	4	5	6	>6
≤0.4	0.06～0.08	0.14～0.17	0.22～0.26	0.32～0.38	0.50～0.80
0.4～0.8	0.08～0.10	0.17～0.20	0.26～0.30	0.38～0.44	
>0.8	0.10～0.12	0.20～0.22	0.30～0.34	0.44～0.50	
单排桩条形承台	0.15～0.18	0.25～0.30	0.38～0.45	0.50～0.60	

注　①表中 S_a/d 为桩中心距与桩径之比;B_c/l 为承台宽度与桩长之比。当计算基桩为非正方形排列时,$S_a = \sqrt{A/n}$,A 为承台计算域面积,n 为总桩数。

②对于桩布置于墙下的箱、筏承台,η_c 可按单排桩条基取值。

③对于单排桩条形承台,当承台宽度小于 $1.5d$ 时,η_c 按非条形承台取值。

④对于采用后注浆灌注桩的承台,η_c 宜取低值。

⑤对于饱和黏性土中的挤土桩基、软土地基上的桩基承台,η_c 宜取低值的 0.8 倍。

3.3.2　高承台群桩基础

《建筑桩基技术规范》(JGJ 94—2008)中高承台桩计算模式图,如图 3-21 所示。

1)确定基本参数。所确定的基本参数包括承台埋深范围地基土水平抗力系数的比例系数 m、桩底固地基土竖向抗力系数的比例系数 m_0、桩身抗弯刚度 EI、α、桩身轴向压力传布系数 ξ_N、桩

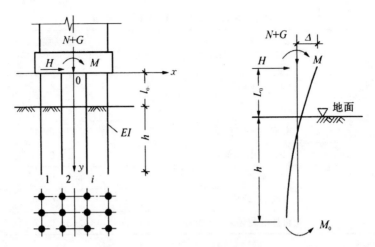

图 3-21　高承台桩计算模式

底面地基土竖向抗力系数 C_0。

2) 求单位力作用于桩身地面处,桩身在该处产生的变位(表 3-11)。

表 3-11　单位力作用于桩身地面处时桩身产生的变位

$H_0=1$ 作用时	水平位移 $(F^{-1} \times L)$	$h \leqslant \dfrac{2.5}{\alpha}$	$\delta_{HH} = \dfrac{1}{\alpha^3 EI} \times \dfrac{(B_3 D_4 - B_4 D_3) + K_h (B_2 D_4 - B_4 D_2)}{(A_3 B_4 - A_4 B_3) + K_h (A_2 B_4 - A_4 B_2)}$
		$h > \dfrac{2.5}{\alpha}$	$\delta_{HH} = \dfrac{1}{\alpha^3 EI} \times A_1$
	转角 (F^{-1})	$h \leqslant \dfrac{2.5}{\alpha}$	$\delta_{MH} = \dfrac{1}{\alpha^2 EI} \times \dfrac{(A_3 D_4 - A_4 D_3) + K_h (A_2 D_4 - A_4 D_2)}{(A_3 B_4 - A_4 B_3) + K_h (A_2 B_4 - A_4 B_2)}$
		$h > \dfrac{2.5}{\alpha}$	$\delta_{MH} = \dfrac{1}{\alpha^2 EI} \times B_1$
$M_0=1$ 作用时	水平位移 (F^{-1})	$h \leqslant \dfrac{2.5}{\alpha}$	$\delta_{HM} = \delta_{MH}$
		$h > \dfrac{2.5}{\alpha}$	$\delta_{HM} = \delta_{MH}$
	转角 $(F^{-1} \times L^{-1})$	$h \leqslant \dfrac{2.5}{\alpha}$	$\delta_{MM} = \dfrac{1}{\alpha EI} \times \dfrac{(A_3 C_4 - A_4 C_3) + K_h (A_2 C_4 - A_4 C_2)}{(A_3 B_4 - A_4 B_3) + K_h (A_2 B_4 - A_4 B_2)}$
		$h > \dfrac{2.5}{\alpha}$	$\delta_{MM} = \dfrac{1}{\alpha EI} \times C_1$

3) 求单位力作用于桩顶时,桩顶产生的变位(表 3-12)。

表 3-12　单位力作用于桩顶时桩顶产生的变位

$H_i = 1$ 作用时	水平位移($F^{-1} \times L$)	$\delta'_{HH} = \dfrac{l_0^3}{3EI} + \delta_{MM} l_0^2 + 2\delta_{MH} l_0 + \delta_{HH}$
	转角(F^{-1})	$\delta'_{MH} = \dfrac{l_0^2}{2EI} + \delta_{MM} l_0 + \delta_{MH}$
$M_i = 1$ 作用时	水平位移(F^{-1})	$\delta'_{HM} = \delta'_{MH}$
	转角($F^{-1} \times L^{-1}$)	$\delta'_{MM} = \dfrac{l_0}{EI} + \delta_{MM}$

4) 求桩顶发生单位变位时,桩顶引起的内力(表 3-13)。

表 3-13　桩顶单位变位时所引起的内力

发生竖直位移时	竖向反力 ($F \times L^{-1}$)	$\rho_{NH} = \dfrac{1}{\dfrac{l_0 + \xi_N h}{EA} + \dfrac{1}{C_0 A_0}}$
发生水平位移时	水平反力 ($F \times L^{-1}$)	$\rho_{HH} = \dfrac{\delta'_{MM}}{\delta'_{HH} \delta'_{MM} - \delta'^2_{MH}}$
	反弯矩 (F)	$\rho_{MH} = \dfrac{\delta'_{MH}}{\delta'_{HH} \delta'_{MM} - \delta'^2_{MH}}$
发生单位转角时	水平反力(F)	$\rho_{HM} = \rho_{MH}$
	反弯矩 ($F \times L$)	$\rho_{MM} = \dfrac{\delta'_{HH}}{\delta'_{HH} \delta'_{MM} - \delta'^2_{MH}}$

5) 求承台发生单位变位时,所有桩顶引起的反力和(表 3-14)。

表 3-14　承台单位变位时,所有桩顶的反力和

单位竖直位移时	竖向反力($F \times L^{-1}$)	$\gamma_{VV} = n\rho_{NN}$	n 为基桩数;x_i 为坐标原点至各桩的距离;K_i 为第 i 排桩的根数
单位水平位移时	水平反力($F \times L^{-1}$)	$\gamma_{UU} = n\rho_{HH}$	
	反弯矩(F)	$\gamma_{\beta U} = -n\rho_{MH}$	
单位转角时	水平反力(F)	$\gamma_{U\beta} = \gamma_{\beta U}$	
	反弯矩($F \times L$)	$\gamma_{\beta\beta} = n\rho_{MM} + \rho_{HH} \sum K_i x_i^2$	

6) 求承台变位(表 3-15)。

表 3-15　承台变位

竖直位移（L）	$V = \dfrac{N+G}{\gamma_{VV}}$
水平位移（L）	$U = \dfrac{\gamma_{\beta\beta}H - \gamma_{U\beta}M}{\gamma_{UU}\gamma_{\beta\beta} - \gamma_{U\beta}^2}$
转角（弧度）	$\beta = \dfrac{\gamma_{UU}M - \gamma_{U\beta}H}{\gamma_{UU}\gamma_{\beta\beta} - \gamma_{U\beta}^2}$

7）求任一基桩桩顶内力（表 3-16）。

表 3-16　任一基桩桩顶内力

竖向力（F）	$N_t = (V + \beta x_i)\rho_{NN}$
水平力（F）	$H_t = U\rho_{HH} - \beta\rho_{HM} = \dfrac{H}{n}$
弯矩（F×L）	$M_t = \beta\rho_{MM} - U\rho_{MH}$

8）求地面处桩身截面上的内力（表 3-17）。

表 3-17　地面处桩身截面上的内力

水平力（F）	$H_0 = H_t$
弯矩（F×L）	$M_0 = M_t + H_t l_0$

9）求地面处桩身的变位（表 3-18）。

表 3-18　地面处桩身的变位

水平位移（L）	$x_0 = H_0\delta_{HH} + M_0\delta_{HM}$
弯矩（F×L）	$\varphi_0 = -(H_0\delta_{MH} + M_0\delta_{MM})$

10）求地面下任一深度桩身截面内力（表 3-19）。

表 3-19　地面下任一深度桩身截面内力

弯矩（F×L）	$M_\gamma = \alpha^2 EI\left(x_0 A_3 + \dfrac{\varphi_0}{\alpha}B_5 + \dfrac{M_0}{\alpha^2 EI}C_3 + \dfrac{H_0}{\alpha^3 EI}D_3\right)$
水平力（F）	$H_\gamma = \alpha^3 EI\left(x_0 A_4 + \dfrac{\varphi_0}{\alpha}B_4 + \dfrac{M_0}{\alpha^2 EI}C_4 + \dfrac{H_0}{\alpha^3 EI}D_4\right)$

11) 求桩身最大弯矩及其位置(表 3-20)。

表 3-20　桩身最大弯矩及其位置

最大弯矩位置(L)	由 $\dfrac{\alpha M_0}{H_0} = C_1$ 查《建筑桩基技术规范》表 c.0.3-5 得相应的 αy, $y M_{\max} = \dfrac{\alpha y}{\alpha}$
最大弯矩($F \times L$)	$M_{\max} = M_0 C_1$

3.4　水平荷载作用下群桩性状分析

3.4.1　桩与桩之间的相互作用

1. 桩长对群桩位移场的影响

不同桩长、不同桩数抗水平力群桩桩顶位移如图 3-22 所示,相应的群桩效应影响系数如图 3-23 所示,不同桩长、不同距径比抗水平力群桩桩顶位移如图 3-24 所示,相应的群桩效应影响系数如图 3-25 所示。

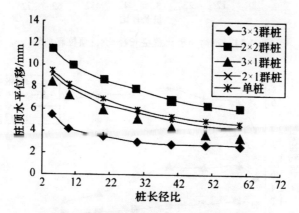

图 3-22　不同桩数群桩长径比-桩顶位移曲线

由图 3-22~图 3-25 可以发现,随着桩长的增加,抗水平力桩的水平位移不断减少,同时减少的幅度有所减小,逐渐趋于平缓,计算模型的桩底约束条件为简支,因此大约在 $30d$ 附近桩长对位移减小影响已经不大。

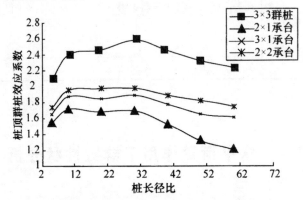

图 3-23　不同桩数群桩长径比-群桩效应曲线

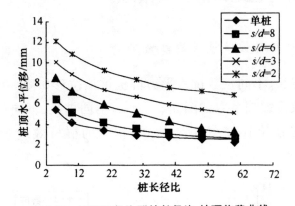

图 3-24　不同距径比群桩长径比-桩顶位移曲线

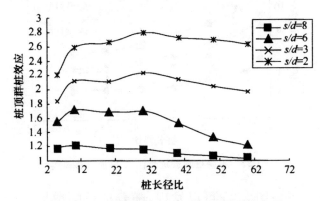

图 3-25　不同距径比群桩长径比-群桩效应曲线

2. 桩径对群桩位移场的影响

当设计水平荷载一定的时候,桩径越大,则所需桩数越少,同时桩顶位移也将越小,但是桩径的增大同时也带来成本的提高,桩径-位移曲线和桩径-群桩效应曲线分别如图 3-26 和图 3-27 所示。

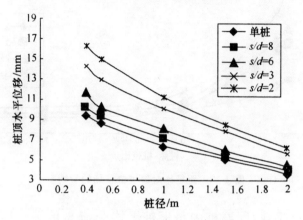

图 3-26　桩径-桩顶水平位移曲线

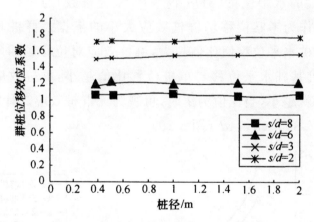

图 3-27　群桩位移效应-桩顶水平位移曲线

3. 桩距对群桩水平位移的影响

桩距的变化直接影响到群桩的变形和承载力的大小,对群桩的经济性和可靠性有很大的关系。固定桩径 $d=1\text{m}$,通过改变桩距 s 来调节 s/d 的值。如图 3-28 所示为 2 桩(2×1)、3 桩(3×1)、

4桩(2×2)、9桩(3×3)群桩基础在平均每根桩受10kN的作用下,不同桩距时群桩水平位移变位图。s分别取$1.5d,2d,3d,4d,6d,8d,10d,12d$。

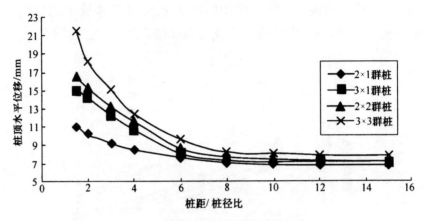

图 3-28　距径比对群桩位移场的影响

在相同荷载,即群桩中每根桩平均受荷与单桩受荷相同的情况下,群桩的水平位移(对应$N×P$,N为桩数)与单桩的水平位移之比值作为考察位移场群桩效应大小的依据。群桩基础水平位移与单桩水平位移值比值越大,群桩效应对位移场的影响就越显著;群桩基础水平位移与单桩位移比值越小,群桩效应对位移场的影响就越小,当比值为1时,可视为无群桩效应。计算中s取$2d,3d,5d,8d,10d,14d$(图3-29)。

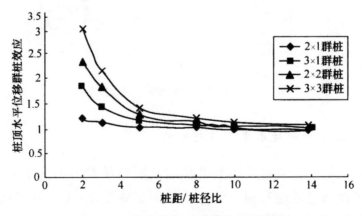

图 3-29　距径比对群桩位移效应发挥的影响

由图 3-28 和图 3-29 可以看出,随着桩距的增大,群桩的水平位移随之减少,桩数越多,群桩效应对位移场的影响也就越大。在实际设计中,桩数越多,距离越近,设计时考虑的群桩效应就越大。有限元模拟可以得到群桩设计时折减系数如表 3-21 所示。

表 3-21　群桩效应折减系数

桩距/桩径	桩数			
	2×1	3×1	2×2	3×3
2	0.77	0.52	0.42	0.31
3	0.90	0.65	0.51	0.43
5	0.92	0.81	0.744	0.66
8	0.95	0.87	0.83	0.78
10	0.96	0.92	0.89	0.84
14	0.98	0.96	0.92	0.88

4. 桩数对群桩位移场的影响

模拟群桩抗水平力基础在桩数变化时,群桩位移场受到的影响,平均每根桩的受力为 150kN,计算的桩数分别为 2,3,4,6,9 根,距径比分别取 2,3,6,8,得到桩数-桩顶位移曲线如图 3-30 所示,将群桩桩顶位移除以单桩位移得到桩数-桩顶位移效应曲线如图 3-31 所示。

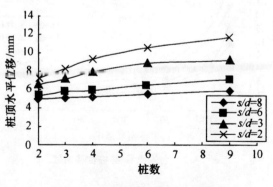

图 3-30　桩数-桩顶水平位移曲线

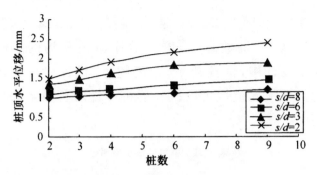

图 3-31　桩数-桩顶水平位移效应曲线

从图 3-30 和图 3-31 可以更明显地看出，桩数越多，群桩的位移越大，群桩的位移效应也越明显；当桩距越小时，群桩位移受到桩数影响比较明显，随着桩数的增长，其位移值及位移效应指标也大幅度增长；但是当桩距接近 8 倍桩径时，桩数增加对群桩桩顶水平位移及位移效应指标的影响就相当小。这从另一个方面说明了距径比 8 作为是否考虑抗水平力群桩位移效应的合理性。

5. 土体模量的影响

土体模量是影响桩基水平位移最重要的因素之一，随着土体模量的增大，桩的水平位移也将减小。图 3-32 和图 3-33 分别是土体模量-群桩位移曲线、土体模量-群桩位移效应曲线。

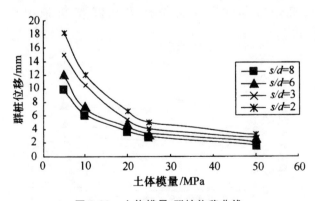

图 3-32　土体模量-群桩位移曲线

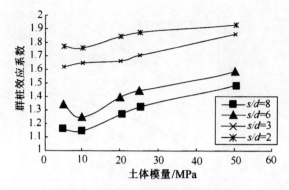

图 3-33　土体模量-群桩位移效应曲线

不同深度土体模量对群桩抗水平力的影响程度不同,图 3-34 是不同深度土体模量-群桩位移效应曲线。

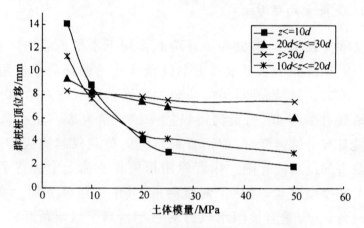

图 3-34　不同深度土体模量-群桩位移效应曲线

3.4.2　承台、加荷方式等对群桩的影响

1. 桩顶嵌固的影响

桩顶埋入钢筋混凝土承台的群桩一般是桩顶嵌固的,其抗弯刚度大大提高,桩顶弯矩加大,桩身弯矩减小,桩身最大弯矩的位置和位移零点位置下移,土的塑性区向深处发展,能更充分发挥土的抗力,从而提高水平承载力,减小了水平位移(图 3-35)。

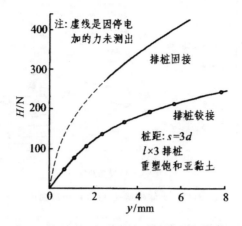

图 3-35　桩头连接形式对承载力的影响

2. 受荷方式的影响

与静荷载相比,群桩在循环荷载作用下水平承载力降低,其中双向循环荷载下水平承载力的降低比单向循环荷载作用时更多(图 3-36)。试验表明,竖向荷载为允许垂直承载力的 60% 时,水平承载力提高 40%,黄河洛口桩基试验研究表明了类似的结果。桩身有足够强度时(如钢管桩),竖向荷载仅起抗拔作用,水平承载力的提高较有限。作者曾用钢桩在亚黏土中进行了桩基水平荷载模型试验,对比了两组高桩,其中一组桩上加上 905 N 的竖向荷载(为垂直极限承载力的一半),水平极限荷载由 471N 提高到 549N,即提高 16%(图 3-37)。但当水平位移较大时,竖向荷载将引起桩身附加弯矩(即所谓的"P-Δ"效应),这一附加弯矩又将使桩身挠曲变形增加,此时桩的受力情况就更为复杂。

3. 承台着地的影响

群桩的承台着地时,对荷载-位移关系影响较大:①伏地承台,由于承台底面与地基土的摩擦力作用,群桩水平承载力提高,水平位移减小;②入土承台,除承台底摩擦作用外,承台的侧向土抗力作用也使水平承载力随水平位移的增大而增大。浙江炼油厂的试桩表明了承台底摩擦力和侧向土抗力对荷载-位移关系

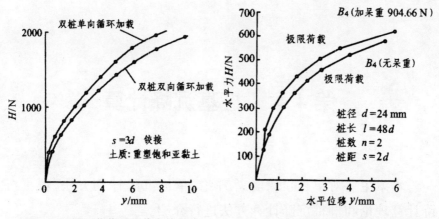

图 3-36　循环荷载对承载力的影响　　图 3-37　竖向荷载对承载力的影响

的不同影响(图 3-38)。群桩 I 的承台底部填了道砟,其底部摩擦
力比群桩 II 大,因此当水平位移不大时,群桩 I 的水平荷载能力
比群桩 II 高。但当桩顶水平位移超过 8mm 时,群桩 II 的侧向土
抗力越来越大,以至其水平荷载能力反而越来越比群桩 I 高。

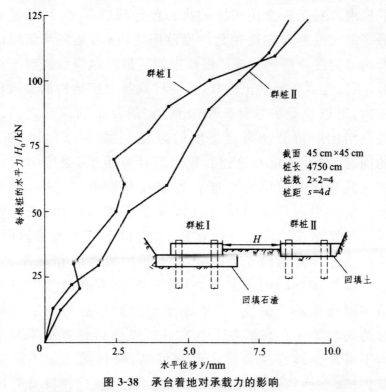

图 3-38　承台着地对承载力的影响

第 4 章　桩基沉降计算

本章主要对单桩沉降计算理论、单桩沉降计算方法、群桩沉降计算理论和群桩沉降计算方法进行介绍。

4.1　桩基沉降计算概述

建筑桩基设计应符合承载能力极限状态和正常使用极限状态的要求。对于正常使用极限状态包含两层含义：一是桩基的沉降变形应限制在建筑物允许值范围之内；二是桩基结构的抗裂及裂缝宽度应符合相应环境要求的裂缝控制等级。对于沉降变形，不仅受制于地基土性状，也受桩基与上部结构的共同作用的影响，可以说是桩基计算中最重要、最复杂的课题之一。对于桩基结构的抗裂和裂缝宽度的验算，主要属于混凝土结构学的问题，此处不重点论述。说沉降计算重要，是因为所设计的桩基其最终的沉降变形能否控制在允许范围之内，能否按计算分析结果进行调整优化以实现变形控制设计，完全取决于沉降计算结果。说沉降计算复杂，有以下三方面的原因：一是线弹性连续介质理论与地基土实际性状之间存在差异；二是影响沉降计算的因素甚多，计算中不得不对制约沉降变形的诸多因素作适当简化；三是地基土变形参数的测定和地层分布的勘察等还存在诸多不真实性。这使得计算结果与实际之间不可避免地存在差异。由此可见，探讨适用于不同桩基几何特征、土性特征的桩基沉降计算方法，提高沉降计算的工程可操作性和可靠性,是一项极具工程应用价值的工作。

4.2 单桩沉降计算理论

通常认为单桩受到荷载作用后其沉降量由以下三个部分组成。

(1) 桩本身的弹性压缩量。

(2) 由于桩侧摩阻力向下传递引起桩端下土体压缩所产生的桩端沉降。

(3) 由于桩端荷载引起桩端下土体压缩所产生的桩端沉降。

单桩沉降量不仅与桩的长度、桩与土的相对压缩性、土层剖面及性质有关,还与荷载水平、荷载持续时间有关。目前单桩沉降主要计算方法有:①荷载传递分析法;②弹性理论法;③剪切变形传递法;④分层总和法;⑤简化分析法;⑥数值计算法。其中,①、②、③为理论方法,④、⑤为规范经验方法,⑥为数值建模方法。单桩沉降计算实用方法为简化计算方法。

4.3 单桩沉降计算方法

4.3.1 弹性理论法

1. 基本假定与原理

弹性理论计算方法用于桩基的应力和变形是 20 世纪 60 年代初期提出来的。在弹性理论中,地基被当作半无限弹性体,在工作荷载下,由于桩侧和桩端的土体中的塑性变形不明显,故可以近似应用弹性理论和叠加原理进行沉降分析。弹性理论法假定土为均质的、连续的、各向同性的弹性半空间体,土体性质不因桩体的存在而变化。

采用弹性半空间体内集中荷载作用下的 Mindlin 解计算土体位移,由桩体位移和土体位移协调条件建立平衡方程,从而求解桩体位移和应力。

2. 半无限弹性体中集中力 Mindlin 解

如图 4-1 所示,弹性半无限体内深度 z_0 处作用集中力 P,离地面深度 z 处的作一点 M 的位移和应力的 Mindlin 解如下。

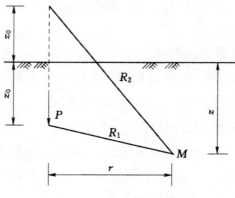

图 4-1　Mindlin 解示意图

竖向位移解

$$w = \frac{P(1+\nu_n)}{8\pi E_n(1-\nu_n)}\left[\frac{3-4\nu_n}{R_1} + \frac{8(1-\nu_n)^2 - (3-4\nu_n)}{R_2} + \frac{(z-z_0)^2}{R_1^3}\right.$$

$$\left. + \frac{(3-4\nu_n)(z+z_0)^2 - 2z_0 z}{R_2^3} + \frac{6z_0 z(z+z_0)^2}{R_2^5}\right]$$

竖向应力解

$$\sigma_z = \frac{P}{8\pi E_n(1-\nu_n)}\left[\frac{(1-2\nu_n)(z-z_0)}{R_1^3} - \frac{(1-2\nu_n)(z-z_0)}{R_2^3}\right.$$

$$+ \frac{3(z-z_0)^3}{R_1^5} + \frac{3(3-4\nu_n)z(z+z_0)^2 - 3z_0(z+z_0)(5z-z_0)}{R_2^5}$$

$$\left. + \frac{30z_0 z(z+z_0)^3}{R_2^7}\right]$$

式中：$R_1 = \sqrt{r^2 + (z - z_0)^2}$；$R_2 = \sqrt{r^2 + (z + z_0)^2}$；$z_0$ 为集中力作用点的深度；ν_n 为土体的泊松比；E_n 为土体的弹性模量。

3. 土的位移

在一般情况下，将桩划分成 n 个单元[图 4-2(a)]，每段桩长 $\Delta L = L/n$，如取 $n = 10$，其精确度可以满足计算要求。考虑图中的典型单元 i、单元 j 上的剪应力 τ_j 在 i 处产生的桩周土位移可表示为

$$S_{ij}^s = \frac{d}{E_s} I_{ij} \tau_j = \delta_{ij} \tau_j$$

式中：I_{ij} 为单元 j 上的剪应力 $\tau_j = 1$ 时，在 i 处产生的竖向位移系数，由 Mindlin 集中力的解进行积分得到；δ_{ij} 为单元 j 上的剪应力 τ_{j-1} 时，在 i 处产生的竖向位移，即地基土的柔度系数，由 $\delta_{ij} = (d/E_n) I_{ij}$ 求得。

全部 n 个单元上的剪应力和桩端上的竖向应力在主处产生的土位移 S_i^s 为

$$S_i^s = \sum_{j=1}^{n} \delta_{ij} \tau_j + \delta_{ib} \sigma_b$$

式中：σ_b 为桩端竖向应力。

对于其他的单元和桩端可以写出类似的表达式，于是桩所有单元的土位移可用矩阵形式

$$\{S^s\} = [F_s]\{\tau'\}$$

式中：$\{S^s\}$ 为土位移矢量，$\{S^s\} = \{S_1, S_2, \cdots, S_n, S_b\}^T$；$\{\tau'\}$ 为桩侧剪应力和桩端应力矢量，$\{\tau'\} = \{\tau_1, \tau_2, \cdots, \tau_n, \sigma_b\}^T$；$F_s$ 为地基土的柔度矩阵，该矩阵为满阵，由下式给出

$$[F_s] = \begin{bmatrix} \delta_{11} & \delta_{12} & \cdots & \delta_{1n} & \delta_{1b} \\ \delta_{21} & \delta_{22} & \cdots & \delta_{2n} & \delta_{2b} \\ \vdots & \vdots & \vdots & \vdots & \vdots \\ \delta_{n1} & \delta_{n2} & \cdots & \delta_{nn} & \delta_{nb} \\ \delta_{b1} & \delta_{b2} & \cdots & \delta_{bn} & \delta_{bb} \end{bmatrix}$$

4. 桩的位移方程

假设桩身材料的弹性模量 E_p 和截面积 A_p 均为常数。将面积比 R_A 定义为桩截面积与桩外周边的面积之比,即 $R_A = \dfrac{A_p}{\pi d^2/4}$,对实心桩 $R_A = 1$。

分析桩单元的位移时,只考虑桩的轴向压缩,忽略径向应变[图 4-2(b)],考虑圆柱单元竖向力的平衡,得

$$A_p = \frac{\partial \sigma}{\partial z}dz = \tau u\, dz$$

$$\frac{d\sigma}{dz} = -\frac{4\tau}{R_A d} \qquad (4-3-1)$$

式中:σ 为桩的轴向应力(在断面上均匀分布),桩顶 $\sigma = \dfrac{Q}{A_p}$,桩端 $\sigma = \sigma_b$;τ 为桩侧剪应力。

单元的轴向应变为

$$\frac{dS^p}{dz} = -\frac{\sigma}{E_p} \qquad (4-3-2)$$

式中:S^p 为桩的轴向位移。

由式(4-3-1)和式(4-3-2)可得

$$\frac{d^2 S^p}{dz^2} = \frac{4\tau}{d}\frac{1}{R_A E_p}$$

上式可写成有限差分的形式,用于计算点 $i = 1, 2, \cdots, n$,可得桩的位移方程为

$$\{\tau\} = -\frac{d}{4 \cdot \Delta l^2} E_p R_A [I_p]\{S^p\} + \{Y\}$$

式中:Δl 为差分单元的步长 L/n;$\{\tau\}$ 为剪应力矢量;$\{S^p\}$ 为桩的位移矢量;$\{Y\}$ 为常系数向量,$\{Y\} = \left[\dfrac{Qn}{\pi l d}, 0, 0, \cdots, 0, 0, 0\right]^T$;$[K_p]$ 为桩身结构刚度矩阵,$(n+1)$ 方阵,按下式计算

$$[K_p] = \begin{bmatrix} -1 & 1 & 0 & 0 & \cdots & 0 & 0 & 0 & 0 \\ 1 & -2 & 1 & 0 & \cdots & 0 & 0 & 0 & 0 \\ 0 & 1 & -2 & 1 & \cdots & 0 & 0 & 0 & 0 \\ \vdots & \vdots & \vdots & \vdots & \vdots & \vdots & \vdots & \vdots & \vdots \\ 0 & 0 & 0 & 0 & \cdots & 1 & -2 & 1 & 0 \\ 0 & 0 & 0 & 0 & \cdots & 2 & 2 & -5 & 3.2 \\ 0 & 0 & 0 & 0 & \cdots & 0 & -\dfrac{4}{3}f & 12f & -\dfrac{32}{3}f \end{bmatrix}$$

式中：f 为计算常数，按下式计算

$$f = \frac{l/d}{nR_A}$$

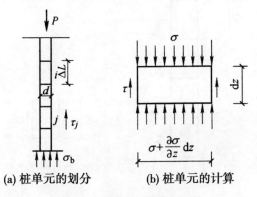

(a) 桩单元的划分　　(b) 桩单元的计算

图 4-2　桩单元的划分与计算

5. 根据桩土位移协调条件建立共同作用方程

根据桩土界面满足弹性条件（即界面不发生滑移），则沿界面桩与土相邻诸点的位移均相等，即

$$\{S^s\} = \{S^p\}$$

将土的位移方程和桩的位移方程代入，可得单桩与弹性地基土的共同作用方程

$$([K_p] + [F_s]^{-1})\{S\} = \{Y\} \tag{4-3-3}$$

解方程(4-3-3)即可得到单桩各单元的竖向位移$\{S\}$。将$\{S\}$代入桩的位移方程，还可求得桩身各单元的侧摩阻力$\{\tau\}$。

4.3.2 载荷传递法

1. 基本原理

荷载传递法是目前应用最为广泛的简化方法,该方法的基本思想是把桩划分为许多弹性单元,每一单元与土体之间用非线性弹簧联系,以模拟桩-土间的荷载传递关系,如图 4-3 所示。

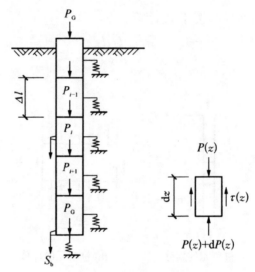

图 4-3　荷载传递模式

荷载传递法的关键在于建立一种真实反映桩土界面侧摩阻力和剪切位移的传递函数[即 $\tau(z) - s(z)$ 函数]。传递函数的建立一般有两种途径:①通过现场测量拟合;②根据一定的经验及机理分析,探求具有广泛适用性的理论传递函数。目前主要应用后者来确定荷载传递函数。

2. 荷载传递法的假设与微分方程

荷载传递法把桩沿桩长方向离散成若干单元,假定桩体中任意一点的位移只与该点的桩侧摩阻力有关,用独立的线性或非线性弹簧来模拟土体与桩体单元之间的相互作用。该方法是由 Seed(1957 年)提出的。

　　为了推导传递函数法的基本微分方程,首先根据桩上任一单元体的静力平衡条件得到

$$\frac{\mathrm{d}P(z)}{\mathrm{d}z} = -U\tau(z) \tag{4-3-4}$$

式中:U 为桩截面周长。

　　桩单元体产生的弹性压缩 $\mathrm{d}s$ 为

$$\mathrm{d}s = -\frac{P(z)\mathrm{d}z}{A_{\mathrm{p}}E_{\mathrm{p}}} \tag{4-3-5}$$

或

$$\frac{\mathrm{d}s}{\mathrm{d}z} = -\frac{P(z)}{A_{\mathrm{p}}E_{\mathrm{p}}}$$

式中:A_{p}、E_{p} 分别为桩的截面积及弹性模量。

　　将式(4-3-5)求导,并将式(4-3-4)代入得

$$\frac{\mathrm{d}^2 s}{\mathrm{d}z^2} = -\frac{U}{A_{\mathrm{p}}E_{\mathrm{p}}}\tau(z) \tag{4-3-6}$$

　　式(4-3-6)是传递函数法的基本微分方程,它的求解取决于传递函数 $\tau(z)$-s 的形式。常见的荷载传递函数形式如图 4-4 所示。

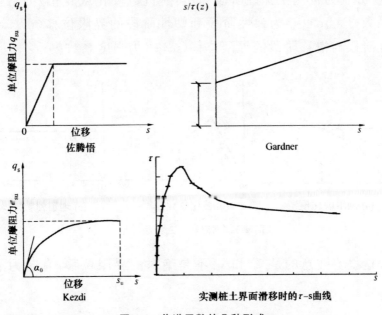

图 4-4　传递函数的几种形式

目前荷载传递法的求解有 3 种方法：解析法（analytical method）、变形协调法（deformation compatibility method）和矩阵位移法（matrix displacement method）。

3. 荷载传递函数的解析解

浙江大学张忠苗先生提出了可考虑桩土软化的桩侧传递函数的统一三折线模型。下面介绍荷载传递函数为统一三折线模型的解析解的推导。[1]

（1）计算模型。

1）桩侧传递函数模型（load transfer function model of pile shaft）。桩侧传递函数模型如图 4-5 所示。桩侧土的荷载传递函数可统一表达为

$$\begin{cases} \tau_s = \lambda_1 s, & s \leqslant s_{u1} \\ \tau_s = \lambda_1 s_{u1} + \lambda_2(s - s_{u1}), & s_{u1} < s \leqslant s_{u2} \\ \tau_s = \beta\lambda_1 s_{u1} + \lambda_3(s - s_{u2}), & s \geqslant s_{u2} \end{cases}$$

式中：τ_s 为桩侧摩阻力（Pa）；s 为桩身相邻的土结点的位移（m）；λ_1、λ_2 分别为桩侧土弹性阶段和塑性阶段（硬化或软化）的剪切刚度系数（Pa/m）；s_{u1} 为弹性阶段和塑性阶段的界限位移（m）；s_{u2} 为塑性阶段与滑移阶段的界限位移（m）；β 为强度系数。

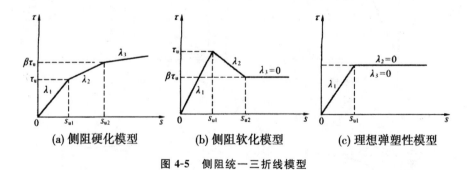

(a) 侧阻硬化模型   (b) 侧阻软化模型   (c) 理想弹塑性模型

图 4-5　侧阻统一三折线模型

这里要注意的是 s_{u1} 和 s_{u2} 不是绝对的界限位移，有时为了用

---

① 张忠苗. 桩基工程[M]. 北京：中国建筑工业出版社，2007.

三折线来近似代替双曲线或者其他荷载传递曲线而人为地根据试验结果进行指定,这种处理方法尤其适用于侧阻硬化的情况;但对侧阻软化和侧阻弹塑性模型,s_{u1} 和 s_{u2} 便是明确的界限位移。这里为叙述方便,按照传统的说法,相应地将桩侧土位移在 $0 \sim s_{u1}$ 之间称为弹性阶段,在 $s_{u1} \sim s_{u2}$ 之间称为塑性阶段,大于 s_{u2} 时称为滑移阶段。由模型可得

$$s_{u2} = s_{u1} + \frac{(\beta - 1)\lambda_1 s_{u1}}{\lambda_2}$$

上述模型中,$\lambda_2 > 0$,$\lambda_3 \geqslant 0$ 且 $\beta > 1$ 表明是侧阻硬化;$\lambda_2 < 0$,$\lambda_3 = 0$ 且 $0 < \beta < 1$ 表明是侧阻软化;特别当 $\lambda_2 = \lambda_3 = 0$ 且 $\beta = 1$ 时,该模型表明的是理想弹塑性模型,此时 $s_{u2} = s_{u1}$。故该三折线模型可统一表示桩侧土的三种计算模型。

2)桩端传递函数模型(load transfer function model of pile end),桩端土的荷载传递函数模型如图 4-6 所示,采用双折线模型。

$$\begin{cases} P_b = k_1 s_b, & s_b \leqslant s_{bu} \\ P_b = k_1 s_{bu} + k_2 (s_b - s_{bu}), & s_b > s_{bu} \end{cases}$$

式中:k_1,k_2 弹性阶段和硬化阶段的法向刚度系数(Pa/m),当 $k_2 = 0$ 时,表明桩端土是理想弹塑性模型;s_{bu} 为弹性阶段和硬化阶段的界限位移(m)。

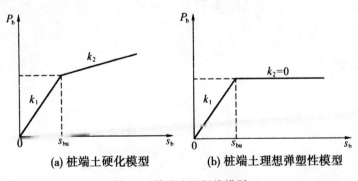

(a) 桩端土硬化模型　　　(b) 桩端土理想弹塑性模型

图 4-6　桩端土双折线模型

3)计算假设。在应用上述三折线模型分析单桩时,采用如下假设:

A. 桩体材料在承载过程中呈线弹性状态,桩截面均一。

B. 不考虑桩侧摩阻力对桩端沉降的影响和负摩阻力的情况。

C. 桩侧土体为均质的,非均匀土用加权平均处理。

D. 当该截面位移小于 s_{u1} 时为弹性阶段;在 s_{u1} 和 s_{u2} 之间时,为塑性阶段,此时侧阻硬化或软化;当该截面位移大于 s_{u2} 时,为滑移阶段。

E. 荷载传递曲线斜率沿深度不变,即 λ_1 和 λ_2 沿深度不变。

F. 桩侧极限摩阻力随深度线性增加,即

$$\tau_u = \tau_0 + fz$$

式中:τ_u 为某一深度的弹性屈服侧摩阻力(Pa);f 为沿深度的强度系数(Pa/m)。

s_{u1} 和 s_{u2} 也均随深度而增加。

(2) 统一三折线解析解的推导。

1) 桩周土全部处于弹性阶段(soil around pile all in elastic state)。当桩顶荷载较小时,桩周土全部处于弹性状态,如图 4-7(a) 所示,在桩身上取微段 dz 为研究对象得

$$\begin{cases} E_p A \dfrac{d^2 s}{dz^2} - \lambda_1 s U = 0 \\ E_p A \dfrac{ds}{dz}\bigg|_{z=l} = -P_b \\ s\big|_{z=l} = s_b \end{cases} \tag{4-3-7}$$

求解式(4-3-7)得

$$\begin{Bmatrix} s \\ P \end{Bmatrix} = Te(z) \begin{Bmatrix} s_b \\ P_b \end{Bmatrix} \tag{4-3-8}$$

其中

$$Te(z) = \begin{bmatrix} \cosh[r_1(l-z)] & \sinh[r_1(l-z)/(E_p A r_1)] \\ (E_p A r_1)\sinh[r_1(l-z)] & \cosh[r_1(l-z)] \end{bmatrix}$$

$$r_1 = \sqrt{\lambda_1 U / E_p A}$$

桩顶位移和荷载为

$$\begin{Bmatrix} s_0 \\ P_0 \end{Bmatrix} = Te(0) \begin{Bmatrix} s_b \\ P_b \end{Bmatrix} \tag{4-3-9}$$

由式(4-3-9)可得桩顶荷载与沉降的比值或桩顶刚度为

$$k_{11} = \frac{P_0}{s_0} = \frac{[Te(0)](2,1) + [Te(0)](2,2)P_b/s_b}{[Te(0)](1,1) + [Te(0)](1,2)P_b/s_b}$$

当桩端土处于弹性状态时，$P_b/s_b = k_1$，此时 k_{11} 为一常数，荷载沉降关系为一直线；当桩端土为塑性状态时：

$$P_0 = k_{12}s_0 + (k_1 - k_2)\{[Te(0)](2,2) - k_{12}[Te(0)](1,2)\}s_{bu}$$

其中

$$k_{12} = \frac{[Te(0)](2,1) + k_2[Te(0)](2,2)}{[Te(0)](1,1) + k_2[Te(0)](1,2)}$$

此时荷载沉降关系仍为一直线，但斜率会变大。显然，对这种情况，无论是侧阻硬化，侧阻软化还是理想弹塑性模型的都是一样的，无须额外讨论。

2）桩周土部分进入塑性状态(soil around pile partly in plastic state)。当桩顶沉降大于 $s_{u1}(0)$，继续增加荷载，桩周土将由浅入深地进入塑性状态。如图 4-7(b)所示，设临界截面 C 的沉降及轴力分别为 s_C 和 P_C。在 AC 段桩体中取微段 dz 为研究对象，可得

$$\begin{cases} E_pA\dfrac{d^2s}{dz^2} - [\lambda_1 s_{u1} + \lambda_2(s - s_{u1})]U = 0 \\[2mm] E_pA\dfrac{ds}{dz}\Big|_{z=l_1} = -P_C \\[2mm] s\big|_{z=l_1} = s_C \end{cases} \tag{4-3-10}$$

解式(4-3-10)得

$$\begin{Bmatrix} s \\ P \end{Bmatrix} = Tp(z)\begin{Bmatrix} s_C \\ P_C \end{Bmatrix} + Ta(z) \tag{4-3-11}$$

式中

$$Tp(z) = \begin{bmatrix} \cosh[r_2(l_1 - z)] & \sinh[r_2(l_1 - z)/(E_pAr_2)] \\ (E_pAr_2)\sinh[r_2(l_1 - z)] & \cosh[r_2(l_1 - z)] \end{bmatrix}$$

$$Ta(z) = \frac{\lambda_2 - \lambda_1}{\lambda_1 \lambda_2} \{ \tau_0 [1 - \cosh[r_2(l_1 - z)]]$$
$$+ f[\sinh[r_2(l_1 - z)]/r_2 + z - l_1 \cosh[r_2(l_1 - z)]]$$
$$- \tau_0 (E_p A r_2) \sinh[r_2(l_1 - z)]$$
$$+ f E_p A [\cosh[r_2(l_1 - z)] - l_1 r_2 \sinh[r_2(l_1 - z)] - 1]\}$$

$$r_2 = \sqrt{\lambda_2 U / E_p A}$$

由式(4-3-11)可得桩顶沉降和轴力为:

$$\begin{Bmatrix} s_0 \\ P_0 \end{Bmatrix} = Tp(0) \begin{Bmatrix} s_b \\ P_b \end{Bmatrix} + Ta(0) \qquad (4\text{-}3\text{-}12)$$

当 $\lambda_2 < 0$ 时,侧阻软化, λ_2 为虚数,不妨记为 $\lambda_2' i(\lambda_2' = -r_2)$,利用数学关系 $\cosh(r_2 l_1) = \cos(\lambda_2' l_1)$ 和 $\sinh(r_2 l_1) = i \sin(\lambda_2' l_1)$。

由式(4-3-9)可得截面 C 上的位移和轴力分别为

$$\begin{Bmatrix} s_C \\ P_C \end{Bmatrix} = Te(l_1) \begin{Bmatrix} s_b \\ P_b \end{Bmatrix} \qquad (4\text{-}3\text{-}13)$$

联立式(4-3-12)和式(4-3-13)可得

$$\begin{Bmatrix} s_0 \\ P_0 \end{Bmatrix} = Tpe \begin{Bmatrix} s_b \\ P_b \end{Bmatrix} + Ta(0)$$

式中: $Tpe = Tp(0) \cdot Te(l_1)$;塑性段 l_1 的确定方法如下:

A. 当 $s_b < s_{u1}(l)$ 时, l_1 可由下式确定:

$$s_C = (\tau_0 + f l_1)/\lambda_1 = Te_1(1,1) s_b + Te_1(1,2) P_b$$

其中 P_b 和 s_b 的关系由式(4-3-8)确定。

B. 当 $s_b \geqslant s_{u1}(l)$ 时, $l_1 = l$ 。

当桩端土处于弹性状态时:

$$P_0 = k_{13} s_0 + [Ta(0)](2) - k_{13} [Ta(0)](1)$$

其中

$$k_{13} = \frac{Tpe(2,1) + k_1 Tpe(2,2)}{Tpe(1,1) + k_1 Tpe(1,2)}$$

当桩端土处于塑性状态时:

$$P_0 = k_{14} s_0 + [Ta(0)](2) - k_{14} [Ta(0)](1)$$
$$+ (k1 - k_2) s_{bu} [Tpe(2,2) - k_{14} Tpe(1,2)]$$

其中

$$k_{14} = \frac{Tpe(2,1) + k_2 Tpe(2,2)}{Tpe(1,1) + k_2 Tpe(1,2)}$$

此时由于 l_1 会随着桩顶荷载的增加而变化,从而使 k_{13} 或 k_{14} 的值发生变化,荷载沉降关系呈曲线变化。

对桩侧理想弹塑性模型,相应地在式(4-3-10)中取 $\lambda_2 = 0$,再重新求解微分方程。方程求解见图 4-7(b),且讨论时桩端也分处于弹性状态和塑性状态两种情况。

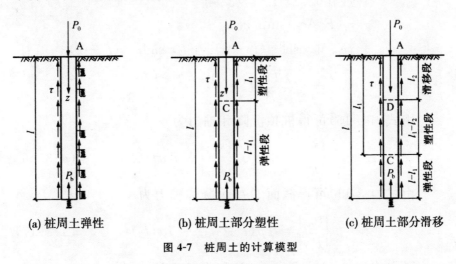

(a) 桩周土弹性　　**(b) 桩周土部分塑性**　　**(c) 桩周土部分滑移**

图 4-7　桩周土的计算模型

3) 桩周土部分进入滑移阶段(soil around pile partly in slipping state)。

A. 侧摩阻力随桩侧土位移增加而增加。当桩顶沉降 $s_0 > s_{u2}$ (0)时,继续增大桩顶荷载,桩周土将由浅入深逐渐进入滑移阶段(注意这不是真正的滑移,因为随着桩周土位移增加,侧摩阻力还在增加),如图 4-7(c)所示,设临界截面 D 的沉降及轴力分别为 s_D 和 P_D,在 AD 段桩体中取微段 dz 为研究对象,可得

$$\begin{cases} E_p A \dfrac{d^2 s}{dz^2} - \left[\beta \lambda_1 s_{u1} + \lambda_3 (s - s_{u2}) \right] U = 0 \\[2mm] E_p A \dfrac{ds}{dz} \bigg|_{z=l_2} = -P_D \\[2mm] s \big|_{z=l_2} = s_D \end{cases} \qquad (4\text{-}3\text{-}14)$$

最后解得

$$\begin{Bmatrix} s \\ P \end{Bmatrix} = Ts(z) \begin{Bmatrix} s_D \\ P_D \end{Bmatrix} + Tsa(z) \qquad (4\text{-}3\text{-}15)$$

其中

$$Ts(z) = \begin{bmatrix} \cosh[r_3(l_2 - z)] & \sinh[r_3(l_2 - z)/(E_pAr_3)] \\ (E_pAr_3)\sinh[r_3(l_2 - z)] & \cosh[r_3(l_2 - z)] \end{bmatrix}$$

$$\begin{aligned} Tas(z) = C \cdot \{ & \tau_0[1 - \cosh[r_3(l_2 - z)]] \\ & + f[\sinh[r_3(l_2 - z)]/r_3 + z - l_2\cosh[r_3(l_2 - z)]] \\ & - \tau_0(E_pAr_3)\sinh[r_3(l_2 - z)] \\ & + fE_pA[\cosh[r_3(l_2 - z)] - l_2 r_3\sinh[r_3(l_2 - z)] - 1] \} \end{aligned}$$

$$r_3 = \sqrt{\frac{\lambda_3 U}{E_p A}}, C = \frac{1}{\lambda_1} + \frac{\beta - 1}{\lambda_2} - \frac{\beta}{\lambda_3}$$

由式(4-3-15)可得桩顶沉降和轴力为

$$\begin{Bmatrix} s_0 \\ P_0 \end{Bmatrix} = Ts(0) \begin{Bmatrix} s_D \\ P_D \end{Bmatrix} + Tsa(0) \qquad (4\text{-}3\text{-}16)$$

由式(4-3-11)可得截面 D 的沉降和轴力为

$$\begin{Bmatrix} s_D \\ P_D \end{Bmatrix} = Tp(l_2) \begin{Bmatrix} s_C \\ P_C \end{Bmatrix} + Ta(l_2) \qquad (4\text{-}3\text{-}17)$$

联立式(4-3-13)、式(4-3-16)和式(4-3-17)可得

$$\begin{Bmatrix} s_0 \\ P_0 \end{Bmatrix} = Tr \begin{Bmatrix} s_b \\ P_b \end{Bmatrix} + Tra \qquad (4\text{-}3\text{-}18)$$

其中

$$Tr = Ts(0) \cdot Tp(l_2) \cdot Te(l_1)$$
$$Tra = Ts(0) \cdot Ta(l_2) + Tsa(0)$$

滑移段 l_2 的取值如下：

a. 当 $s_b < s_{u2}(l)$ 时,可用下式计算 l_2 的值：

$$s_D = [\lambda_2 + (\beta - 1)\lambda_1](\tau_0 + fl_2)/\lambda_1\lambda_2$$
$$= [Tp(l_2)](1,1)s_C + [Tp(l_2)](1,2)P_C + Ta(1)$$

b. 当 $s_b > s_{u2}(l)$ 时,表明桩身已经全部进入滑移状态, $l_2 = l_1 = l$。

当桩端土处于弹性状态时：

$$P_0 = k_{15}s_0 + Tra(2) - k_{15}Tra(1)$$

其中

$$k_{15} = \frac{Tr(2,1) + k_1 Tr(2,2)}{Tr(1,1) + k_1 Tr(1,2)}$$

当桩端土处于塑性状态时：

$$P_0 = k_{16}s_0 + Tra(2) - k_{16}Tra(1)$$
$$+ (k1 - k_2)s_{bu}[Tr(2,2) - k_{16}Tr(1,2)]$$

其中

$$k_{16} = \frac{Tr(2,1) + k_2 Tr(2,2)}{Tr(1,1) + k_2 Tr(1,2)}$$

由于 l_2 随着桩顶荷载的增加而增大，从而使 k_{15} 或 k_{16} 发生变化，荷载沉降关系为曲线，一旦桩身全部进入滑移阶段，荷载沉降呈直线关系。

B. 桩侧土强度为恒定值。此时 $\lambda_3 = 0$，桩周土真正进入滑移状态，侧摩阻力为一常值。微分方程(4-3-14)转变为：

$$\begin{cases} E_p A \dfrac{\mathrm{d}^2 s}{\mathrm{d}z^2} - \beta\lambda_1 s_{u1}U = 0 \\[2mm] E_p A \dfrac{\mathrm{d}s}{\mathrm{d}z}\bigg|_{z=l_2} = -P_D \\[2mm] s\big|_{z=l_2} = s_D \end{cases}$$

解该方程得：

$$\begin{Bmatrix} s \\ P \end{Bmatrix} = Tc(z)\begin{Bmatrix} s_D \\ P_D \end{Bmatrix} + Tca(z) \qquad (4\text{-}3\text{-}19)$$

其中

$$Tc(z) = \begin{bmatrix} 1 & (l_2 \quad z)/(E_p A r_3) \\ 0 & 1 \end{bmatrix}$$

$$Tca(z) = \frac{\beta U}{E_p A}\{\tau_0 (l_2 - z)^2/2 + f(z^3 - 3l_2^2 z + 2l_2^3)/6$$
$$- E_p A\tau_0(l_2 - z) + fE_p A(l_2^2 - z^2)/2\}$$

由式(4-3-19)可得桩顶沉降和轴力关系为：

$$\begin{Bmatrix} s_0 \\ P_0 \end{Bmatrix} = Tc(0) \begin{Bmatrix} s_D \\ P_D \end{Bmatrix} + Tca(0)$$

则式(4-3-18)中的 Tr 和 Tra 分别改写为：

$$Tr = Tc(0) \cdot Tp(l_2) \cdot Te(l_1)$$

$$Tra = Tc(0) \cdot Ta(l_2) + Tca(0)$$

其后通过临界位移间的大小比较,对桩端土状态的分类讨论跟前面相同。相应的关于滑移段的长度的计算方法修改成下面的形式：

1) 当 $s_b < s_{u2}(l)$ 时,可用下式计算 l_2 的值：

$$s_D = [\lambda_2 + (\beta - 1)\lambda_1](\tau_0 + fl_2)/\lambda_1\lambda_2$$
$$= [Tp(l_2)](1,1)s_C + [Tp(l_2)](1,2)P_C + Ta(1)$$

2) 当 $s_b > s_{u2}(l)$ 时,表明桩身已经全部进入滑移状态, $l_2 = l_1 = l$。

对桩侧为理想弹塑性模型的推导,只要参数做相应的修改,具体步骤同上。

(3) 模型参数的确定。需要输入的土的参数有:反映桩侧极限摩阻力的参数 τ_0、f,反映桩侧承载特性的刚度系数 λ_1、λ_2、λ_3 和 β,以及反映桩端承载特性的 s_{bu}、k_1 和 k_2;桩的参数有桩长 L,桩径 D 和桩身弹性模量 E_p。土体参数通过对单桩静载实测资料进行反分析是最为准确的。其中 τ_u、λ_1、λ_2、β 和 s_{u1}、s_{u2} 可以通过 $\tau_u = \tau_0 + fz$、式(4-3-7)进行相互的换算。

根据前面推导的桩身完全处于弹性状态的桩顶初始刚度 k_{11} 可以反分析出 λ_1 和 k_1,桩身完全处于滑移状态时,桩端处于塑性状态时的桩顶刚度 k_{16} 反分析出 k_2。

此外可由单桩的静载试验得出极限侧摩阻力随深度的分布情况得出相应的桩侧土的刚度系数及界限位移。也可根据当地的工程经验取侧阻发挥的临界位移值以及强度系数 β(对侧阻软化为软化系数)。

图 4-8 为此方法计算所得的 Q-s 曲线与实测曲线对比,可以发现趋势非常相似,数值大小非常相近,说明此方法的合理性。

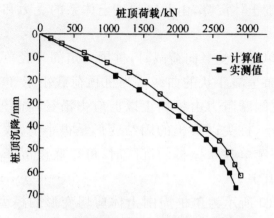

图 4-8　桩顶荷载沉降的计算值与实测值对比

图 4-9 为对单桩轴力分布的计算值与实测值对比,可以发现随着荷载水平提高,轴力的计算值与实测值吻合变好,而在低水平荷载作用下,稍有偏差,这表明将桩周土侧摩阻力的发挥均一化之后还是有误差的。

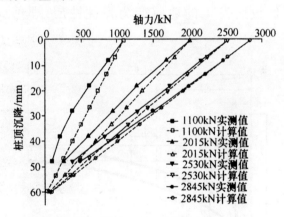

图 4-9　单桩轴力分布的计算值与实测值对比

4.3.3　剪切位移法

1. 基本假定与原理

剪切位移法是假定受荷桩身周围土体以承受剪切变形为主,桩土之间没有相对位移,将桩土视为理想的同心圆柱体,剪应力传递引起周围土体沉降,由此得到桩土体系的受力和变形的一种方法。

当摩擦单桩承受竖向荷载时,桩周一定的半径范围内土体的竖向位移分布呈漏斗状的曲线。当桩顶荷载小于30%极限荷载时,大部分桩侧摩阻力由桩周土以剪应力沿径向向外传递,传到桩尖的力很小,桩尖以下土的固结变形是很小的,故桩端沉降不大。据此,评定单独摩擦桩的沉降时,可以假设沉降只与桩侧土的剪切变形有关。

如图 4-10 所示为单桩周围土体剪切变形的模型,在桩土体系中任一高程平面,分析沿桩侧的环形单元 $ABCD$。桩一旦受到荷载作用,环形单元 $ABCD$ 就会发生位移,产生变形,形成一个新的单元 $A'B'C'D'$,且周围的邻近单元 $BCEF$ 受到剪应力的作用,形成 $B'C'E'F'$,这个传递过程连续地沿径向往外传递,传递到 x 点距桩中心轴为 $r_{\mathrm{m}}=nr_0$ 处,在 x 点处剪应变已很小可忽略不计。假设所发生的剪应变为弹性性质,即剪应力与剪应变成正比。

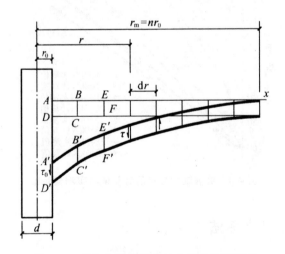

图 4-10　剪切变形传递法桩身荷载传递模型

剪切位移法比弹性理论法更为简单一些,但因前者需要假设桩侧土体上下层之间没有相互作用,这一点与工程实际相违背。

2. 剪切位移法本构关系的建立与求解

根据上述剪应力传递概念,可求得距桩轴 r 处土单元的剪应变为 $r = \dfrac{\mathrm{d}s}{\mathrm{d}r}$,其剪应力 τ 为

$$\tau = G_s \gamma = G_s \frac{\mathrm{d}s}{\mathrm{d}r} \qquad (4\text{-}3\text{-}20)$$

式中:G_s 为土的剪变模量。

根据平衡条件知

$$\tau = \tau_0 \frac{r_0}{r}$$

由式(4-3-20)得

$$\mathrm{d}s = \frac{\tau}{G_s}\mathrm{d}r = \frac{\tau_0 r_0}{G_s}\frac{\mathrm{d}r}{r} \qquad (4\text{-}3\text{-}21)$$

若土的剪变模量 G_s 为常数,则由式(4-3-21)可得桩侧沉降 s_s 的计算公式为

$$s_s = \frac{\tau_0 r_0}{G_s}\int_{r_0}^{r_m}\frac{\mathrm{d}r}{r} = \frac{\tau_0 r_0}{G_s}\ln\left(\frac{r_m}{r_0}\right) \qquad (4\text{-}3\text{-}22)$$

若假设桩侧摩阻力沿桩身为均匀分布,则桩顶荷载 $P_0 = 2\pi r_0 L \tau_0$,土的弹性模量 $E_s = 2G_s(1+\nu_s)$。当取土的泊松比 $\nu_s = 0.5$ 时,则 $E_s = 3G_s$,代入式(4-3-22)得桩顶沉降量 s_0 的计算公式

$$s_0 = \frac{3}{2\pi}\frac{P_0}{LE_s}\ln\left(\frac{r_m}{r_0}\right) = \frac{P_0}{LE_s}I \qquad (4\text{-}3\text{-}23)$$

其中

$$I = \ln\left(\frac{r_m}{r_0}\right)$$

影响半径可表示为:$r_m = 2.5 L \rho (1-\nu_s)$,其中 ρ 为不均匀系数,表示桩入土深度 $1/2$ 处和桩端处土的剪切模量的比值,即

$$\rho = \frac{G_s(1/2)}{G_s(l)}$$

因此,对均匀土 $\rho = 1$,对 Gibson 土 $\rho = 0.5$。

在以上的分析中,单桩沉降计算式(3-3-4)和式(3-3-5)忽略

了桩端处的荷载传递作用,因此对于短桩的计算误差较大。Randolph 等研究人员提出将桩端作为刚性墩,按弹性力学方法计算桩端沉降量 s_b,在集中荷载 P_b 作用下竖向位移 s_b 的表达式为

$$s_b = \frac{P_b(1 - \gamma_s)}{4r_0 G_s} \eta \qquad (4\text{-}3\text{-}24)$$

式中:η 为桩入土深度影响系数,一般取 $\eta = 0.85 \sim 1.0$。

对于刚性桩,由于 $P_0 = P_s + P_b$ 及 $s_0 = s_s + s_b$,由式(4-3-23)和式(4-3-24)可得

$$P_0 = P_s + P_b = \frac{2\pi L G_s}{\ln\left(\dfrac{r_m}{r_0}\right)} s_s + \frac{4r_0 G_s}{(1 - \gamma_s)\eta} s_b \qquad (4\text{-}3\text{-}25)$$

$$s_0 = s_s + s_b = \frac{P_0}{G_s r_0 \left[\dfrac{2\pi L}{r_0 \ln\left(\dfrac{r_m}{r_0}\right)} + \dfrac{4}{(1 - \gamma_s)\eta}\right]} \qquad (4\text{-}3\text{-}26)$$

通过式(4-3-23)和式(4-3-26)可以看出,对于摩擦桩单桩的沉降明显与桩长成反比,故加长桩长可减小沉降。

4.4 群桩沉降计算理论

4.4.1 群桩沉降的概述

由桩群、土和承台组成的群桩,在竖向荷载作用下,其沉降的变形性状是桩、承台、地基土之间相互影响的结果。群桩沉降的影响因素较多,成桩工艺、群桩几何尺寸、土层的类别以及荷载作用时间等都会影响沉降的性状。

当前的群桩沉降方法主要有叠加法、弹性理论法、等代墩基法、明德林-盖得斯法、沉降比法等。

4.4.2　土中应力计算的 Boussinesq 解

在均匀的、各向同性的半无限弹性体表面(如地基表面)作用一竖向集中力 Q (图 4-11),计算半无限体内任意点 M 的应力(不考虑弹性体的体积力),在弹性理论中由布西奈斯克(Boussinesq,1885)解得,其应力及位移的表达式分别如下。

采用直角坐标表示时(图 4-11):

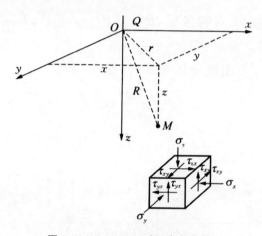

图 4-11　Boussinesp 解(直角坐标)

正应力:

$$\sigma_z = \frac{3Qz^3}{2\pi}\tag{4-4-1}$$

$$\sigma_x = \frac{3Q}{2\pi}\left\{\frac{zx^2}{R^5} + \frac{1-2\nu}{3}\left[\frac{R^2 - Rz - z^2}{R^3(R+z)} - \frac{x^2(2R+z)}{R^3(R+z)^2}\right]\right\}$$

$$\sigma_y = \frac{3Q}{2\pi}\left\{\frac{zy^2}{R^5} + \frac{1-2\nu}{3}\left[\frac{R^2 - Rz - z^2}{R^3(R+z)} - \frac{y^2(2R+z)}{R^3(R+z)^2}\right]\right\}$$

剪应力:

$$\tau_{xy} = \tau_{yx} = \frac{3Q}{2\pi}\left[\frac{xyz}{R^5} - \frac{1-2\nu}{3}\frac{xy(2R+z)}{R^3(R+z)^2}\right]$$

$$\tau_{yz} = \tau_{zy} = -\frac{3Q}{2\pi}\frac{yz^2}{R^5}$$

$$\tau_{zx} = \tau_{xz} = -\frac{3Q}{2\pi}\frac{xz^2}{R^5}$$

x、y、z 轴方向的位移分别为：

$$u = \frac{Q(1+\nu)}{2\pi E}\left[\frac{xz}{R^3} - (1-2\nu)\frac{x}{R(R+z)}\right]$$

$$v = \frac{Q(1+\nu)}{2\pi E}\left[\frac{yz}{R^3} - (1-2\nu)\frac{y}{R(R+z)}\right]$$

$$w = \frac{Q(1+\nu)}{2\pi E}\left[\frac{z^2}{R^3} + 2(1-\nu)\frac{1}{R}\right] \qquad (4\text{-}4\text{-}2)$$

式中：x、y、z 为 M 点的坐标，$R = \sqrt{x^2+y^2+z^2}$；E、ν 分别为弹性模量及泊松比。

当 M 点应力用极坐标表示时（图 4-12）：

$$\sigma_z = \frac{3Q}{2\pi z^2}\cos^5\theta$$

$$\sigma_r = \frac{Q}{2\pi z^2}\left[3\sin^2\theta\cos^2\theta - \frac{(1-2\nu)\cos^2\theta}{1+\cos\theta}\right]$$

$$\sigma_t = -\frac{Q(1-2\nu)}{2\pi z^2}\left[\cos^2\theta - \frac{\cos^2\theta}{1+\cos\theta}\right]$$

$$\tau_{rz} = \frac{3Q}{2\pi z^2}(\sin\theta\cos^4\theta)$$

$$\tau_{tr} = \tau_{tz} = 0$$

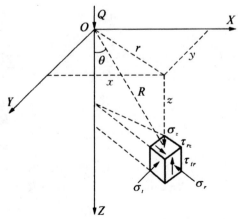

图 4-12 Boussinesq 解（极坐标）

上述的应力及位移分量计算公式,在集中力作用点处是不适用的,因为当 $R \to 0$ 时,应力及位移均趋于无穷大,事实上这是不可能的,因为集中力是不存在的,总有作用面积的。而且此刻土已发生塑性变形,按弹性理论解已不适用了。

上述应力及位移分量中,应用得最多的是竖向正应力 σ_z 及竖向位移 w,因此着重讨论 σ_z 的计算。为了应用方便,式(4-4-1)改写成如下形式

$$\sigma_z = \frac{3Q}{2\pi} \frac{z^3}{R^5} = \frac{3Q}{2\pi z^2} \frac{1}{\left[1+\left(\frac{r}{z}\right)^2\right]^{5/2}} = \alpha \frac{Q}{z^2}$$

式中:集中应力系数

$$\alpha = \frac{3}{2\pi \left[1+\left(\frac{r}{z}\right)^2\right]^{5/2}}$$

α 是 (r/z) 的函数,可制成表 4-1 供查用。

在工程实践中最常碰到的问题是地面竖向位移(即沉降)问题。计算地面某点 A(其坐标为 $z=0$,$R=r$)的沉降 s 可由式(4-4-2)求得(图 4-13),即

$$s = w = \frac{Q(1-\nu^2)}{\pi E r} \tag{4-4-3}$$

式中:E 为土的模量(MPa)。

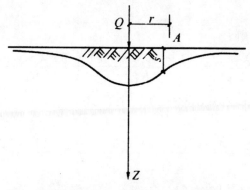

图 4-13　集中力作用在地表时的地面竖向位移

表 4-1　集中力作用于半无限体表面时竖向附加应力系数 α

r/z	α	r/z	α	r/z	α	r/z	α	r/z	α
0.00	0.4775	0.20	0.4329	0.40	0.3294	0.60	0.2214	0.80	0.1386
0.05	0.4745	0.25	0.4103	0.45	0.3011	0.65	0.1978	0.85	0.1226
0.10	0.4657	0.30	0.3849	0.50	0.2733	0.70	0.1762	0.90	0.1083
0.15	0.4516	0.35	0.3577	0.55	0.2466	0.75	0.1565	0.95	0.0956
1.00	0.0844	1.30	0.0402	1.60	0.0200	1.90	0.0105	2.80	0.0021
1.05	0.0744	1.35	0.0357	1.65	0.0179	1.95	0.0095	3.00	0.0015
1.10	0.0658	1.40	0.0317	1.70	0.0160	2.00	0.0085	3.50	0.0007
1.15	0.0581	1.45	0.0282	1.75	0.0144	2.20	0.0058	4.00	0.0004
1.20	0.0513	1.50	0.0251	1.80	0.0129	2.40	0.0040	4.50	0.0002
1.25	0.0454	1.55	0.0224	1.85	0.0116	2.60	0.0029	5.00	0.000

4.4.3　土中应力计算的 Mindlin 解

地下空间的利用以及使用桩基础,基础的埋置深度不是在地表面,而是在较深的深度,这时利用集中力作用在地表面的应力计算公式和实际情况就不一致了。此时利用集中力作用在土体内的应力计算公式就比较合理。集中力作用在土体内深度 c 处,土体内任一点 M 处(图 4-14)的应力和位移解由 Mindlin(1936) 求得

六个应力解:

$$
\begin{aligned}
\sigma_x = \frac{Q}{8\pi(1-\nu)} \Bigg\{ & -\frac{(1-2\nu)(z-c)}{R_1^3} + \frac{3x^2(z-c)}{R_1^5} \\
& -\frac{(1-2\nu)\left[3(z-c)-4\nu(z+c)\right]}{R_2^3} \\
& +\frac{3(3-4\nu)x^2(z-c)-6c(z+c)\left[(1-2\nu)z-2\nu c\right]}{R_2^5} \\
& +\frac{30cx^2z(z+c)}{R_2^7} \Bigg\}
\end{aligned}
$$

$$+ \frac{4(1-\nu)(1-2\nu)}{R_2(R_2+z+c)}\left[1 - \frac{x^2}{R_2(R_2+z+c)} - \frac{x^2}{R_2^2}\right]$$

$$\sigma_y = \frac{Q}{8\pi(1-\nu)}\left\{-\frac{(1-2\nu)(z-c)}{R_1^3} + \frac{3y^2(z-c)}{R_1^5}\right.$$

$$-\frac{(1-2\nu)\left[3(z-c)-4\nu(z+c)\right]}{R_2^3}$$

$$+\frac{3(3-4\nu)y^2(z-c)-6c(z+c)\left[(1-2\nu)z-2\nu c\right]}{R_2^5}$$

$$\left.+\frac{30cy^2z(z+c)}{R_2^7}\right\} + \frac{4(1-\nu)(1-2\nu)}{R_2(R_2+z+c)}\left[1-\frac{y^2}{R_2(R_2+z+c)}-\frac{y^2}{R_2^2}\right]$$

$$\sigma_z = \frac{Q}{8\pi(1-\nu)}\left[\frac{(1-2\nu)(z-c)}{R_1^3} - \frac{(1-2\nu)(z-c)}{R_2^3} + \frac{3(z-c)^3}{R_1^5}\right.$$

$$\left.+\frac{3(3-4\nu)z(z+c)^2-3c(z+c)(5z-c)}{R_2^5} + \frac{30cz(z+c)^3}{R_2^7}\right]$$

$$\tau_{yz} = \frac{Qy}{8\pi(1-\nu)}\left[\frac{(1-2\nu)}{R_1^3} - \frac{(1-2\nu)}{R_2^3} + \frac{3(z-c)^3}{R_1^5}\right.$$

$$\left.+\frac{3(3-4\nu)z(z+c)-3c(3z+c)}{R_2^5} + \frac{30cz(z+c)^2}{R_2^7}\right]$$

$$\tau_{xz} = \frac{Qx}{8\pi(1-\nu)}\left[\frac{(1-2\nu)}{R_1^3} - \frac{(1-2\nu)}{R_2^3} + \frac{3(z-c)^3}{R_1^5}\right.$$

$$\left.+\frac{3(3-4\nu)z(z+c)-3c(3z+c)}{R_2^5} + \frac{30cz(z+c)^2}{R_2^7}\right]$$

$$\tau_{xy} = \frac{Qxy}{8\pi(1-\nu)}\left[\frac{3(z-c)}{R_1^5} - \frac{3(3-4\nu)(z-c)}{R_2^5}\right.$$

$$\left.-\frac{4(1-\nu)(1-2\nu)}{R_2^2(R_2+z+c)}\times\left(\frac{1}{R_2+z+c}+\frac{1}{R_2}\right) + \frac{30cz(z+c)^3}{R_2^7}\right]$$

式中

$$R_1 = \sqrt{x^2+y^2+(z-c)^2}$$

$$R_2 = \sqrt{x^2+y^2+(z+c)^2}$$

c 为集中力作用点的深度（m）；ν 为土的泊松比。

竖向位移解：

$$w = \frac{Q(1+\nu)}{8\pi E(1-\nu)}\left[\frac{(3-4\nu)}{R_1} + \frac{8(1-\nu)^2-(3-4\nu)}{R_2} + \frac{(z-c)^2}{R_1^3}\right.$$

$$+ \frac{(3-4\nu)(z+c)^2 - 2cz}{R_2^3} + \frac{6cz(z+c)^2}{R_2^5} \Big]$$

式中:E 为土的模量(MPa)。

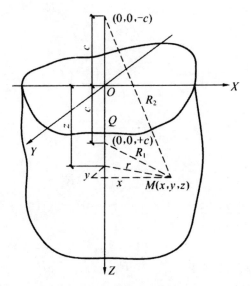

图 4-14　集中力作用在弹性半无限体内所引起的内力

当集中力作用点移至地表面,且求解集中力作用点外地表面任一点的沉降,只要令 $c=0$,$z=0$,则有与式(4-4-3)完全相同的公式。因此 Boussinesq 解是 Mindlin 解的特例。由于桩基置于土体中,常用 Mindlin 解来计算。Mindlin 解的优点是可以考虑桩与桩之间桩土相互作用的影响。

4.5　群桩沉降计算方法

4.5.1　群桩计算的叠加法

根据单桩的弹性理论法分析,在单桩分析的基础上,通过弹性理论中的叠加原理,进而推广到群桩分析中。群桩中各桩与单桩的不同在于群桩中各桩存在相互影响,也即群桩中单桩沉降不仅与该桩所受的荷载有关,而且与群桩中其他各桩在荷载作用下的变形有关。

　　群桩的沉降计算原理与单桩相同,均采用 Mindlin 基本解进行,考虑到处理问题的不同,可以分为两大类:一类是 Poulos 相互作用系数法;另一类是直接求解的矩阵位移法。第一类方法更加直观,意义明确,计算量较小,并且是以通过图表等辅助进行计算;第二类对于大规模群桩计算需要求解大型矩阵,必须借助于计算机技术,通过编制程序进行。

　　通过单桩的弹性理论分析可以得出,不论是均匀土体的弹性理论法还是分层土的弹性理论法,二者只是基本解的选取上存在不同,也即桩侧和桩端荷载下引起土体位移计算方法不同,但无论是土体柔度矩阵还是桩身刚度矩阵的形成,以及最终的求解过程都是相同的。群桩分析的基础是单桩分析,只是考虑到了群桩之间的相互作用影响而已。因此无论是相互作用系数方法还是矩阵位移方法都可以适用于均匀土或分层土的弹性理论分析,故在以下分析中不单独列出说明。

1. 相互作用系数法

　　(1)两根桩沉降分析。对于土体中单位荷载作用下的两根相同的桩,分别为桩 i 和桩 j,在单位荷载作用下桩 i 产生的沉降为 ρ_{11},同时桩 j 在单位荷载下产生的沉降为 ρ_{22}。根据 Mindlin 弹性基本解,桩 i 在单位荷载作用下通过相互作用会使得桩 j 也产生附加沉降,沉降量为 ρ_{21},同理,桩 j 在单位荷载下通过相互作用会使得桩 i 产生附加沉降 ρ_{12}。通过叠加原理,在单位荷载作用下的两根桩,桩 i 产生的沉降为 $\rho_{11}+\rho_{12}$,桩 i 产生的荷载为 $\rho_{21}+\rho_{22}$。当两根桩桩顶荷载不同时,两根桩的沉降可以由式(4-5-1)表示。

$$\begin{Bmatrix} w_1 \\ w_2 \end{Bmatrix} = \begin{bmatrix} \rho_{11} & \rho_{12} \\ \rho_{21} & \rho_{22} \end{bmatrix} \begin{Bmatrix} P_1 \\ P_2 \end{Bmatrix} \qquad (4\text{-}5\text{-}1)$$

式中:w_1、w_2 分别为桩 i、桩 j 的桩顶位移;P_1、P_2 分别为桩 i、桩 j

的桩顶荷载。

Poulos 对于相互作用系数的定义如下：

$$\alpha_{ij} = \frac{\text{第 } j \text{ 桩单位荷载对第 } i \text{ 桩所产生的附加沉降}}{\text{第 } i \text{ 桩单位荷载作用下所产生的沉降}} = \frac{\rho_{12}}{\rho_{11}} = \frac{\rho_{21}}{\rho_{22}}$$

$$(4\text{-}5\text{-}2)$$

Poulos 和 Mattes(1971)已解得在均质半无限体中两根桩的相互作用系数 α_F，α_F 为桩的距径比(S_a/d)、长径比(L/d)和桩的刚度系数 $K(k = E_p R_A / E_s)$ 的函数。由图 4-15 可见，当 S_a/d 增大，相互作用明显降低；当 L/d 和 K 增大即桩越细长或越坚硬，相互作用则趋于增大。

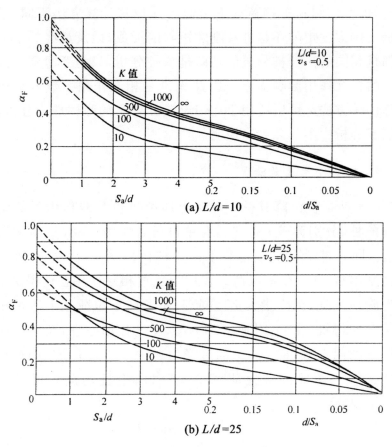

图 4-15 摩擦桩的相互作用系数 α_F

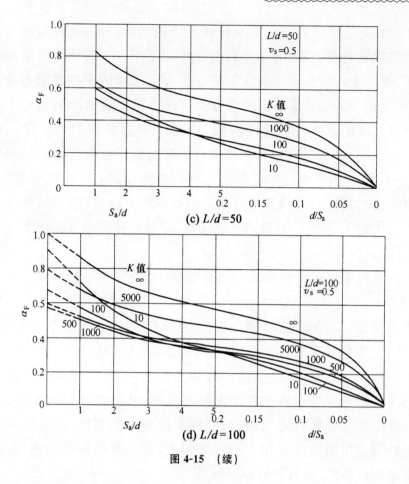

图 4-15 （续）

Poulos 还分析提出，当土层厚度为有限的情况下，当摩擦桩为扩底桩时，或地基模量随深度成线性增大时，或桩端持力层刚度很大的端承桩时，相互作用系数 α 通常呈减小的变化规律。

若群桩中的单桩在单位荷载下的沉降为 ρ，则式（4-5-1）可表示为

$$\left\{\begin{matrix} w_1 \\ w_2 \end{matrix}\right\} = \rho \begin{bmatrix} \alpha_{11} & \alpha_{12} \\ \alpha_{21} & \alpha_{22} \end{bmatrix} \left\{\begin{matrix} P_1 \\ P_2 \end{matrix}\right\} \tag{4-5-3}$$

式中：$\alpha_{11} = \alpha_{22} = 1$。

通过式（4-5-3），两根桩组成的群桩沉降可以通过单桩单位荷载下沉降和相互作用系数并结合桩顶荷载来求得，也即单桩单位荷载下的沉降乘以相互作用系数矩阵组成了群桩的柔度矩阵。

（2）群桩分析。对于由 m 根桩组成的群桩基础，根据单桩的弹性理论分析方法，计算单位荷载作用下单桩 i 的桩侧摩阻力分布，根据土的位移求得桩顶沉降 ρ_{ii}。在已求得的桩侧摩阻力分布下，运用 Mindlin 基本解的积分运算求得桩 i 的侧摩阻力对于其他桩沉降的影响，即求得第 i 桩引起的其他各桩的附加位移 ρ_{ji}（$j=1,2,\cdots,m$，且 $j\neq i$），从而可求得位移的相互影响系数 α_{ji}（$j=1,2,\cdots,m$）。由于群桩中各桩的几何位置往往具有一定的对称性，对于由相同桩组成的群桩可以采用对称性来减少计算量，依次对群桩中的 m 根桩分别进行上述运算，形成群桩的相互作用系数矩阵 $[\alpha]_{m\times m}$。

群桩中的各桩位移和桩顶荷载存在如下关系：

$$[w]_{m\times 1} = \rho [\alpha]_{m\times m} [P]_{m\times 1} \qquad (4\text{-}5\text{-}4)$$

式中：$[w]_{m\times 1}$ 为群桩桩顶位移；ρ 为单位荷载作用下单桩位移；$[P]_{m\times 1}$ 为桩顶荷载。

群桩分析时仅考虑桩-土-桩相互作用，不考虑承台或底板下土体的作用。当桩顶承台为无限刚性时，各桩桩顶位移相等，但群桩中各桩桩顶反力不同；当桩顶承台为无限柔性时，各桩荷载与外荷载作用的位置和大小直接相关，在均布荷载作用下，各桩桩顶荷载相同，但桩顶位移不相等。

对于无限柔性承台，可以根据外荷载的分布情况直接计算出 $[P]_{m\times 1}$，然后根据式（4-5-4）进行矩阵运算直接求得桩顶位移 $[w]_{m\times 1}$。

对于无限刚性承台，存在如下关系，即 $w_1=w_2=\cdots=w_m=w$，由于 w 值大小未知，而式（4-5-4）就包含 m 个关系式，需要补充一个关系式方能求解。由于所有桩顶荷载之和等于外荷载 $P_{\text{总}}$，即

$$\sum_{i=1}^{m} P_i = P_{\text{总}} \qquad (4\text{-}5\text{-}5)$$

根据式（4-5-4）和式（4-5-5），即满足关系式和未知数个数相同，可求得无限刚性承台下群桩的位移 w 和各桩的桩顶荷载 P_i。

2. 矩阵位移法

对于由相同的 m 根桩组成的群桩，将每根桩划分为 n 个单元，则每根桩共有 $n+1$ 个桩身位移与桩端位移变量，同样对应的侧摩阻力和端粗力变量共 $n+1$ 个，则类似于单根桩的方程式（4-5-4），可得土的位移方程为：

$$\{\rho^s\}_{m(n+1)\times 1} = [IG]_{m(n+1)\times m(n+1)}\{p\}_{m(n+1)\times 1} \quad (4\text{-}5\text{-}6)$$

式中：$\{\rho^s\}$群桩全部单元对应的 $m(n+1)\times 1$ 个土体竖向位移向量，包含桩端位移向量；$\{p\}$ 为 $m(n+1)\times 1$ 个桩单元的桩侧摩阻力和桩端应力向量；$[IG]$为土体位移柔度系数的 $m(n+1)\times 1$ 阶方阵。

$$[IG]=\begin{bmatrix} I_{11} & I_{12} & \cdots & I_{1n} & I_{1b} & \cdots & I_{1,m(n-1)+1} & I_{1,m(n-1)+2} & \cdots & I_{1,mn} & I_{1,mb} \\ I_{21} & I_{22} & \cdots & I_{2n} & I_{2b} & \cdots & I_{2,m(n-1)+1} & I_{1,m(n-1)+2} & \cdots & I_{2,mn} & I_{2,mb} \\ \vdots & \vdots & & \vdots & \vdots & & \vdots & \vdots & & \vdots & \vdots \\ I_{n1} & I_{n2} & \cdots & I_{bn} & I_{nb} & \cdots & I_{n,m(n-1)+1} & I_{n,m(n-1)+2} & \cdots & I_{n,mn} & I_{n,mb} \\ I_{b1} & I_{b2} & \cdots & I_{bn} & I_{tb} & \cdots & I_{b,m(n-1)+1} & I_{b,m(n-1)+2} & \cdots & I_{b,mn} & I_{b,mb} \\ \vdots & \vdots & & \vdots & \vdots & & \vdots & \vdots & & \vdots & \vdots \\ I_{m(n-1)+1,1} & I_{m(n-1)+1,2} & \cdots & I_{m(n-1)+1,n} & I_{m(n-1)+1,b} & \cdots & I_{m(n-1)+1,m(n-1)+1} & I_{m(n-1)+1,m(n-1)+2} & \cdots & I_{m(n-1)+1,mn} & I_{m(n-1)+1,mb} \\ I_{m(n-1)+2,1} & I_{m(n-1)+2,2} & \cdots & I_{m(n-1)+2,n} & I_{m(n-1)+2,b} & \cdots & I_{m(n-1)+2,m(n-1)+1} & I_{m(n-1)+2,m(n-1)+2} & \cdots & I_{m(n-1)+2,mn} & I_{m(n-1)+2,mb} \\ \vdots & \vdots & & \vdots & \vdots & & \vdots & \vdots & & \vdots & \vdots \\ I_{mn,1} & I_{mn,2} & \cdots & I_{mn,n} & I_{mn,b} & \cdots & I_{mn,m(n-1)+1} & I_{mn,m(n-1)+2} & \cdots & I_{mn,mn} & I_{mn,mb} \\ I_{mb,1} & I_{mb,2} & \cdots & I_{mb,n} & I_{mb,b} & \cdots & I_{mb,m(n-1)+1} & I_{mb,m(n-1)+2} & \cdots & I_{mb,mn} & I_{mb,mb} \end{bmatrix}$$

均质土群桩柔度系数求解根据式（4-5-5），由 Mindlin 基本解进行桩侧和桩端面积积分求解。

根据矩阵运算法则，式（4-5-6）可转化为

$$[K_s]_{m(n+1)\times m(n+1)}\{\rho^s\}_{m(n+1)\times 1} = \{p\}_{m(n+1)\times 1} \quad (4\text{-}5\text{-}7)$$

式中：$[K_s]_{m(n+1)\times m(n+1)}=[IG]^{-1}_{m(n+1)\times m(n+1)}$。

根据单桩的桩身刚度矩阵，可以求得群桩的桩身刚度矩阵关系式见式（4 5 8）。

$$[K_P]_{m(n+1)\times m(n+1)}\{\rho^P\}_{m(n+1)\times 1} = \{Y\}_{m(n+1)\times 1} - \{p\}_{m(n+1)\times 1}$$

$$(4\text{-}5\text{-}8)$$

式中：$\{\rho^P\}$ 为桩身位移列向量；$\{Y\}_{m(n+1)\times 1}$ 为群桩桩顶荷载列向量，且

$$\{Y\}_{m(n+1)\times 1} = \{P_{t1},0,\cdots,0,P_{t2},0,\cdots,0,\cdots,P_{tm},0,\cdots,0\}^T_{m(n+1)\times 1},$$

$[K_P]$为群桩桩身刚度矩阵，根据 4.3.1 节中桩的位移方程进行叠加计算，表达式如下：

$$[K_P] = \begin{bmatrix} \frac{E_P A_1}{\Delta l_1} & -\frac{E_P A_1}{\Delta l_1} & & & & & 0 \\ -\frac{E_P A_1}{\Delta l_1} & \frac{E_P A_1}{\Delta l_1} + \frac{E_P A_2}{\Delta l_2} & -\frac{E_P A_2}{\Delta l_2} & & & & \\ & -\frac{E_P A_2}{\Delta l_2} & \frac{E_P A_2}{\Delta l_2} + \frac{E_P A_3}{\Delta l_3} & -\frac{E_P A_3}{\Delta l_3} & & & \\ & & -\frac{E_P A_3}{\Delta l_3} & \ddots & -\frac{E_P A_{n-2}}{\Delta l_{n-2}} & & \\ & & & -\frac{E_P A_{n-2}}{\Delta l_{n-2}} & \frac{E_P A_{n-2}}{\Delta l_{n-2}} + \frac{E_P A_{n-1}}{\Delta l_{n-1}} & -\frac{E_P A_{n-1}}{\Delta l_{n-1}} & \\ & 0 & & & -\frac{E_P A_{n-1}}{\Delta l_{n-1}} & \frac{E_P A_{n-1}}{\Delta l_{n-1}} + \frac{E_P A_n}{\Delta l_n} & -\frac{E_P A_n}{\Delta l_n} \\ & & & & & -\frac{E_P A_n}{\Delta l_n} & \frac{E_P A_n}{\Delta l_n} \end{bmatrix}$$

根据桩土位移协调条件，由于群桩中桩身位移等于相邻的土体位移大小，即

$$\{\rho^P\}_{m(n+1)\times 1} = \{\rho^s\}_{m(n+1)\times 1} = \{p\}_{m(n+1)\times 1}$$

从而根据式(4-5-7)和式(4-5-8)可得到

$$([K_P]_{m(n+1)\times m(n+1)} + [K_s]_{m(n+1)\times m(n+1)})\{p\}_{m(n+1)\times 1} = \{Y\}_{m(n+1)\times 1}$$

$$(4-5-9)$$

对于无限柔性承台群桩桩基础，可以直接求得群桩中各桩桩顶荷载的大小，代入式(4-5-9)中可以求得群桩各桩节点的位移大小。

对于无限刚性承台群桩桩基础，群桩中各桩桩顶位移相等，即 $w_1 = w_2 = \cdots = w_m = w$，补充荷载关系式(4-5-5)，从而可以求得群桩的桩顶位移大小和各桩的桩顶荷载。

根据上述过程求得群桩中各桩桩身位移后，进而根据式(4-5-7)求得桩侧摩阻力和桩端阻力大小。

4.5.2 等代墩基法

限于桩基础沉降变形性状的研究水平，人们目前在研究能考虑众多复杂因素的桩基础沉降计算方法。等代墩基法又称实体

深基础法,是在工程实践中最广泛应用的近似方法。根据对实体基础的大小及基底压力的假定和计算,各类规范的规定有所不同。《建筑桩基急速规范》(JGJ 94—2008)采用等效作用分层总和法来计算沉降,一般适用在桩中心距小于等于 6 倍桩径的群桩基础。

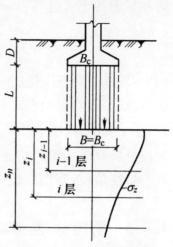

如图 4-16 所示为《建筑桩基技术规范》桩基沉降计算示意图。

按浅基础沉降计算方法计算沉降 S

$$S = \psi S' \qquad (4\text{-}5\text{-}10)$$

图 4-16　《建筑桩基技术规范》桩基沉降计算示意图

式中:S' 为按浅基础分层总和法计算的沉降;ψ 为桩基沉降计算经验系数。为了使计算结果更为准确,一般采用系数 ψ_e 对式(4-5-10)进行修正。

$$\psi_e = C_0 + \frac{n_b - 1}{C_1(n_b - 1) + C_2}$$

$$S = \psi_e \psi S'$$

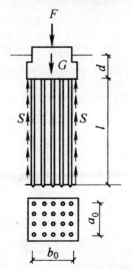

图 4-17　扣除群桩侧壁摩阻力法计算示意图

式中:n_b 为矩形布桩时短边布桩数,布桩不规则 $n_b = \sqrt{n B_c / L_c}$,当计算值小于 1 时,取 $n_b = 1$,L_c、B_c、n 分别为矩形承台的长、宽及总桩数;C_0、C_1、C_2 为参数,根据距径比(桩中心距与桩径之比)S_a/d、长径比 L/d 及基础长宽比 L_c/B_c 按《建筑桩基技术规范》确定。

《建筑地基基础设计规范》(GB 50007 2011)对桩基沉降的计算有两种方法:一是荷载扩散法;二是扣除群桩侧壁摩阻力法。本节主要对扣除群桩侧壁摩阻力法进行简要介绍。扣除群桩侧壁摩阻力法的计算示意图如图 4-17 所示。

基底埋深取至桩端平面,基底面积取桩群外缘的面积,基底附加压力按下式计算

$$p_0 = \frac{F + G - 2(a_0 + b_0)\sum q_{si}h_i}{a_0 b_0}$$

式中:F 为相应于荷载效应准永久组合时作用在桩基承台顶面的竖向力(kN);G 为承台和承台上土的自身重力(kN),可按 20kN/m^3 计算,水下扣除浮力;a_0、b_0 为群桩的外缘矩形面积的边长(m);h_i 为桩身所穿越的第 i 层土的土层厚度(m);q_{si} 为第 i 层土的侧摩阻力特征值(极限值除以 2)(kPa)。

4.5.3 明德林-盖得斯法

明德林(Mindlin,1963)得出了半无限弹性体内作用集中力情况下的应力解答。盖得斯(Geddes,1966)将作用于桩端土上的压应力简化为一集中荷载 Q_p;把桩侧摩阻力简化为沿桩轴线的线荷载,并假定桩侧摩阻力为沿深度呈矩形分布或正三角形分布。桩侧总摩阻力为 Q_s,呈矩形分布时的总侧阻为 Q_r、呈三角形分布时的总侧阻为 Q_t,如图 4-18 所示,然后根据明德林解积分求出了单桩荷载下土中竖向应力的表达式。

$$\sigma_z = \sigma_{zp} + \sigma_{zr} + \sigma_{zt} = (Q/L^2) \cdot K_p + (Q/L^2) \cdot K_r + (Q/L^2) \cdot K_t$$

式中:K_p、K_r 和 K_t 分别为桩端阻力、桩侧均匀分布阻力和桩侧线性增长分布阻力荷载作用下在土体中任一点的竖向应力系数。

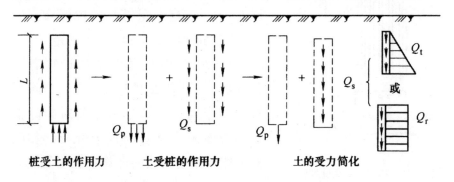

图 4-18 单桩荷载下土的受力简化示意图

$$K_{\mathrm{p}} = \frac{1}{8\pi(1-\nu)}\left\{-\frac{(1-2\nu)(m-1)}{A^3} + \frac{(1-2\nu)(m-1)}{B^3} - \frac{3(m-1)^2}{A^5}\right.$$

$$\left.-\frac{3(3-4\nu)m(m+1)^2 - 3(m+1)(5m-1)}{B^5} - \frac{30m(m+1)^3}{B^7}\right\}$$

$$K_{\mathrm{r}} = \frac{1}{8\pi(1-\nu)}\left\{\frac{2(2-\nu)}{A} + \frac{2(2-\nu)+2(1-\nu)\dfrac{m}{n}\left(\dfrac{m}{n}+\dfrac{1}{n}\right)}{B} - \frac{2(1-\nu)\left(\dfrac{m}{n}\right)^2}{F}\right.$$

$$+\frac{n^2}{A^3} + \frac{4m^2 - 4(1+\nu)\left(\dfrac{m}{n}\right)^2 m^2}{F^8} + \frac{4m(1+\nu)(m+1)\left(\dfrac{m}{n}+\dfrac{1}{n}\right)^2 - (4m^2+n^2)}{B^3}$$

$$\left.+\frac{6m^2\left(\dfrac{m^4-n^4}{n^2}\right)}{F^6} + \frac{6m\left[mn^2 - \dfrac{1}{n^2}(m+1)^5\right]}{B^5}\right\}$$

$$K_{\mathrm{t}} = \frac{1}{4\pi(1-\nu)}\left\{-\frac{2(2-\nu)}{A} + \frac{2(2-\nu)(4m+1) - 2(1-2\nu)\left(\dfrac{m}{n}\right)^2(m+1)}{B}\right.$$

$$-\frac{2(1-2\nu)\dfrac{m^3}{n^2} - 8(2-\nu)m}{F} + \frac{mn^2 + (m-1)^3}{A^3} + \frac{4n^2 m + 4m^3 - 15n^2 m}{B^3}$$

$$+\frac{2(5+2\nu)\left(\dfrac{m}{n}\right)^2(m+1)^3 + (m+1)^3}{B^3} - \frac{2(7-2\nu)mn^2 - 6m^3 + 2(5+2\nu)\left(\dfrac{m}{n}\right)^2 m^{23}}{F^8}$$

$$+\frac{6mn^2(n^2-m^2) + 12\left(\dfrac{m}{n}\right)(m+1)^5}{B^5} - \frac{12\left(\dfrac{m}{n}\right)^2 m^5 + 6mn^2(n^2-m^2)}{F^5}$$

$$\left.-2(2-\nu)\ln\left(\frac{A+m+1}{F+m} \times \frac{B+m+1}{F+m}\right)\right\}$$

式中：$n = r/l$；$m = z/l$；$F = m^2 + n^2$；$A^2 = n^2 + (m-1)^2$；$B^2 = n^2 + (m+1)^2$。几何尺寸 L、z 和 r 如图 4-19 所示，ν 为土的泊松比。

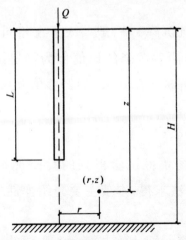

图 4-19　单桩荷载应力计算几何尺寸

　　由于盖得斯应力解比布西奈斯克解更符合桩基础的实际,因此按明德林-盖得斯法计算桩基沉降较为合理。图4-20给出了 69 个工程分别按实体深基础法[图 4-20(a)]和明德林-盖得斯法[图 4-20(b)]计算的沉降与实测沉降的比较,图中纵坐标是实测沉降量,横坐标是计算沉降量,明德林-盖得斯法计算的结果分布于 45°线的两侧,表明从总体上两者是吻合的;而实体基础法的计算结果均偏离于 45°线,说明计算值普遍偏大。[①]

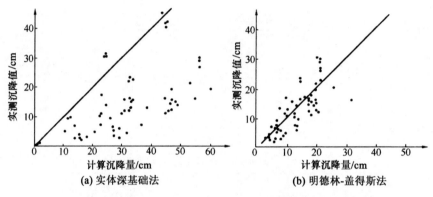

(a) 实体深基础法　　　　　　(b) 明德林-盖得斯法

图 4-20　计算沉降量与实际沉降量的比较

4.5.4　沉降比法

　　众所周知,群桩沉降 s_g 一般要大于在相同荷载作用下的单桩的沉降 s,通常将这两者沉降的比值称为群桩沉降比 R_s。在工程实践中,有时利用群桩沉降比 R_s 的经验值和单桩沉降 s 来估算群桩沉降 s_g,即

$$s_g = R_s s \qquad (4\text{-}5\text{-}11)$$

　　s 通常可从现场单桩试验得到的 $Q\text{-}s$ 曲线求得。R_s 经常由经验法和弹性理论法求得,本节主要介绍弹性理论法求 R_s。

① 蒋建平. 桩基工程[M]. 上海:上海交通大学出版社,2016.

1. 群桩沉降比

群桩沉降比的表达式为

$$R_s = \frac{群桩的沉降}{在群桩各桩平均荷载作用下孤立单桩的沉降} = \frac{s_g}{s}$$

由上述群桩沉降分析叠加法计算刚性承台连接的方形群桩的沉降,可得到 R_s 的理论解。

(1) 厚层均质土刚性承台下摩擦桩群桩沉降比 R_s 的弹性理论解。表 4-2 中给出了均质土中方形群桩 R_s 的理论解。由表可见,当 s_a/d 减小(s_a 为桩间距),R_s 增大。桩数增多,R_s 也增大,K 增大,R_s 也增大。

表 4-2　均质土中方形群桩 R_s 的理论解

L/d	s_a/d	沉降比 R_s											
		群桩内桩的根数 n											
		4			9			16			25		
		刚性系数 K											
		100	1000	∞	100	1000	∞	100	1000	∞	100	1000	∞
10	2	2.25	2.54	2.62	3.80	4.42	4.48	5.49	6.40	6.53	7.20	8.48	8.68
	5	1.73	1.88	1.90	2.49	2.82	2.85	3.25	3.74	3.82	3.98	4.70	4.75
	10	1.39	1.48	1.50	1.76	1.98	1.99	2.14	2.46	2.46	2.53	2.95	2.95
25	2	2.14	2.65	2.87	3.64	4.84	5.29	5.38	7.44	8.10	7.25	10.28	11.25
	5	1.74	2.09	2.19	2.61	3.48	3.74	3.54	4.96	5.34	4.48	6.50	7.03
	10	1.46	1.74	1.78	1.95	2.57	2.73	2.46	3.43	3.63	2.98	4.28	4.50
50	2	2.31	2.56	3.01	3.79	4.52	5.66	5.65	7.05	8.94	7.65	9.91	12.66
	5	1.81	2.10	2.44	2.75	3.51	4.29	3.72	5.11	6.37	4.74	6.64	8.67
	10	1.50	1.78	3.04	2.04	2.72	3.29	2.59	3.73	4.65	3.16	4.76	6.04
100	2	2.27	2.26	3.16	4.05	4.11	6.15	6.14	6.50	9.92	8.40	9.25	14.35
	5	1.88	2.01	2.64	2.94	3.38	4.87	4.05	4.98	7.54	5.18	6.75	10.55
	10	1.56	1.76	2.28	2.17	2.73	3.93	2.80	3.81	5.82	3.48	5.0	7.88

当桩数超过 16 时,R_s 与桩数的平方根近似成线性增长。因

此对于给定的 s_a/d、K、L/d，R_s 值可以由下式依据 16 根桩的群桩和 25 根桩的群桩的 R_s 推求，即

$$R_s = (R_{25} - R_{16})(\sqrt{n} - 5) + R_{25}$$

式中：R_{25}、R_{16} 分别为 25 根桩群桩和 16 根桩群桩的 R_s 值，见表 4-2；n 为群桩的桩数。

（2）刚性承台下端承桩的群桩沉降比 R_s 的弹性理论解。表 4-3 给出了方形端承群桩 R_s 的理论解，由表可见当 s_a/d 减小、桩数增多、L/d 增大时，R_s 均增大，但当 K 增大时，R_s 减小，$K \rightarrow \infty$，桩顶荷载直接传到桩端刚性层，$R_s = 1.0$，这个变化与摩擦桩相反。$R_s = 1.0$ 意味着群桩的沉降相当于单桩的沉降。

表 4-3　方形端承群桩 R_s 的理论解

L/d	s_a/d	沉降比 R_s										
		群桩内桩的根数 n										
		4			9			16			25		
		刚性系数 K										
		100	1000	∞	100	1000	∞	100	1000	∞	100	1000	∞
10	2	1.14	1.00	1.00	1.31	1.00	1.00	1.49	1.00	1.00	1.63	1.00	1.00
	5	1.08	1.00	1.00	1.12	1.02	1.00	1.14	1.02	1.10	1.15	1.03	1.00
	10	1.01	1.00	1.00	1.02	1.00	1.00	1.02	1.00	1.00	1.02	1.00	1.00
25	2	1.62	1.05	1.00	2.57	1.16	1.00	3.28	1.33	1.00	4.13	1.50	1.00
	5	1.36	1.08	1.00	1.70	1.16	1.00	2.00	1.23	1.00	2.23	1.28	1.00
	10	1.15	1.04	1.00	1.26	1.06	1.00	1.33	1.07	1.00	1.38	1.08	1.00
50	2	2.24	1.59	1.00	3.59	1.96	1.00	5.27	2.63	1.00	7.06	3.41	1.00
	5	1.73	1.32	1.00	2.56	1.72	1.00	3.38	2.16	1.00	4.23	2.63	1.00
	10	1.43	1.21	1.00	1.87	1.46	1.00	2.29	1.71	1.00	2.71	1.97	1.00
100	2	2.26	1.81	1.00	3.95	3.04	1.00	5.89	4.61	1.00	7.93	6.40	1.00
	5	1.84	1.67	1.00	2.77	2.52	1.00	3.74	3.47	1.00	4.68	4.45	1.00
	10	1.44	1.46	1.00	1.99	1.98	1.00	2.48	2.53	1.00	2.98	3.10	1.00

2. 沉降计算

单桩沉降 s 的计算可采用以下两种方法。

（1）s 通常可从现场单桩载荷试验的荷载-沉降曲线上求得。$s = S_0/\xi$，S_0 为通过静载试验得到的在平均荷载作用下对应的沉降，ξ 为考虑试桩沉降的完成系数。

（2）利用弹性理论法推导的均匀土中单桩沉降的计算公式 $s = \dfrac{QI}{E_s d}$，$I = I_0 R_k R_h R_\nu$，可得

$$s_g = R_s s = \frac{R_s Q_g I}{n E_s d}$$

式中：Q_g 为群桩承担的荷载（kN）；n、d 分别为桩数和桩径（或等效直径）（m）；s 为在平均荷载作用下单桩的沉降（m）；E_s 为土的变形模量（MPa）；I 为单桩沉降系数；Q 为作用于桩顶的竖向荷载（kN）；I_0 为刚性桩在半无限体中的沉降影响系数（由 Mindlin 集中力的解进行积分得到）；R_k 为考虑桩压缩性影响的修正系数；R_h 为考虑刚性下卧层影响的修正系数；R_ν 为土的泊松比 ν_s 修正系数；I_0、R_k、R_ν、R_h 如图 4-21 所示。

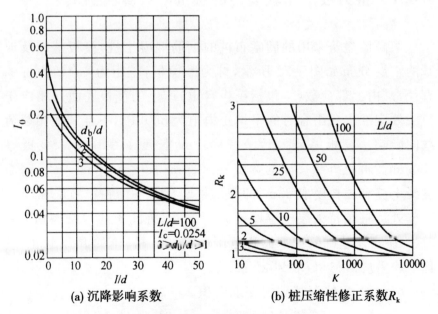

(a) 沉降影响系数　　　　　(b) 桩压缩性修正系数 R_k

图 4-21　单桩沉降系数的计算系数

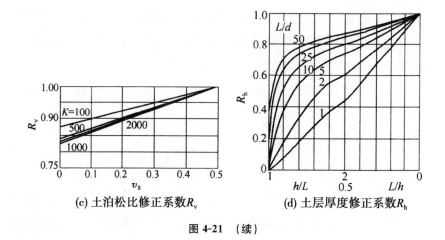

(c) 土泊松比修正系数 R_v (d) 土层厚度修正系数 R_h

图 4-21 （续）

4.6 桩基沉降计算实践

4.6.1 持力层下无软弱下卧层沉降计算实例

某高层建筑采用的满堂布桩的钢筋混凝土桩,筏板基础及地基的土层分布如图 4-22 所示,桩为摩擦桩,桩距为 $4d$ (d 为桩的直径)。由上部荷载(不包括筏板自重)产生的筏板底面处相应于荷载效应准永久组合时的平均压力值为 550kPa,不计其他相邻荷载的影响。筏板基础宽度 $b=30.8$m,长度 $a=57.2$m,筏板厚750mm。群桩外缘尺寸的宽度 $b_0=30$m,长度 $a_0=57.4$m。钢筋混凝土桩有效长度取 38m,即假定桩端计算平面在筏板底面向下38m 处。桩端持力层土层厚度 $h_T=35$m,桩间土的内摩擦角 $\varphi=21°$。在实体基础的支承面积范围内,筏板、桩、土的混合重度(或称平均重度)可近似取 20kN/m³。

解:(1) 实体深基础的支承面积。

$$a_0 = 57.4\text{m}, b_0 = 30\text{m}, \alpha = 21°/4 = 5.25°$$

$$a_1 = a_0 + 2l\tan\alpha = 56.4 + 2 \times 38 \times \tan5.25° = 62.7\text{m}$$

$$b_1 = b_0 + 2l\tan\alpha = 30.0 + 2 \times 38 \times \tan5.25° = 36.3\text{m}$$

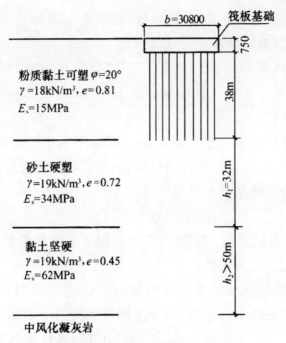

图 4-22　筏板基础及地基的土层分布

实体深基础的支承面积：

$$A = a_1 \times b_1 = 62.7 \times 36.3 = 2276.01 \text{m}^2$$

（2）桩底平面处对应于荷载效应准永久组合时的附加压力 p_0（kPa）。

上部荷载准永久组合

$$P = 550 \times 57.4 \times 30 = 947100 \text{kN}$$

实体基础的支承面积范围内，筏板、桩、土重

$$G = 38.0 \times 2276.01 \times 20 = 1729767.6 \text{kN}$$

等代实体深基础底面处的土自重应力值

$$p_{cd} = 18 \times 38 = 684 \text{kPa}$$

桩底平面处对应于荷载效应准永久组合时的附加压力 p_0

$$p_0 = \frac{P+G}{A} - p_0 = \frac{947100 + 1729767.6}{2276.01} - 684 = 492.1 \text{kPa}$$

（3）计算桩基础中点的地基变形时，其地基变形计算深度（m）。

因 $b_1 = 36.3\text{m} > 30\text{m}$，不能用《建筑地基基础设计规范》简化公式(5.3.7)确定地基变形计算深度。

《建筑地基基础设计规范》规定"当存在较厚的坚硬黏性土层，其孔隙比小于 0.5、压缩模量大于 50MPa 时，z_n 可取至该层土表面"。

本题桩端持力层土层厚度 $h_T = 40\text{m}$ 下的土层为坚硬的黏土，$e = 0.45 < 0.5$、$E_s = 62\text{MPa} > 50\text{MPa}$，符合《建筑地基基础设计规范》的规定，故地基变形计算深度取

$$z_n = h_1 = 32\text{m}$$

（4）持力层顶面、底面处，矩形面积土层上均布荷载作用下角点的平均附加应力系数。

使用《建筑地基基础设计规范》表 K.0.1～2 时，对等代实体深基础底面处的中点来说，应分为四块相同的小面积，其长边 $l_1 = 62.7/2 = 31.35$，短边 $b_1 = 36.3/2 = 18.15$，等代实体深基础底面处的中点 0 为四个小矩形的角点，同时，查得的平均附加应力系数应乘以 4。计算过程及结果见表 4-4。

表 4-4　计算结果（一）

点号	z_i/m	l_1/b_1	z/b_1	$\bar{\alpha}_i$	$z_i\bar{\alpha}_i$ /mm	$z_i\bar{\alpha}_i - z_{i-1}\bar{\alpha}_{i-1}$ /mm
0	0	1.73	0	$4 \times 0.25 = 1.0$	0	25600
1	10		1.76	$4 \times 0.246 = 0.98$	25600	

持力层顶面处矩形面积土层上均布荷载作用下角点的平均附加应力系数 $4\bar{\alpha}_0 = 1.0$。

持力层底面处矩形面积土层上均布荷载作用下角点的平均附加应力系数 $4\bar{\alpha}_1 = 0.8$。

（5）实体深基础计算桩基沉降经验系数 ψ_p。

查《建筑地基基础设计规范》表 R.0.3 得实体深基础计算桩基沉降经验系数 $\psi_p = 0.3$。

（6）通过桩筏基础平面中心点竖线上，该持力层土层的最终

变形量(mm)。

$p_0 = 492.1\text{kPa}, E_s = 34\text{MPa}$，根据《建筑地基基础设计规范》式(R.0.1)得该持力层土层的变形量

$$s' = \frac{\sigma_0}{E_s}(z_i \bar{\alpha}_i - z_{i-1} \bar{\alpha}_{i-1}) = \frac{492.1}{34000} \times 25600 = 370.56\text{mm}$$

修正后得最终变形量：

$$s = \psi_p s' = 0.3 \times 370.56 = 111.2\text{mm}$$

4.6.2　持力层下有软弱下卧层沉降计算实例

某高层建筑采用的满堂布桩的钢筋混凝土桩,筏板基础及地基的土层分布如图 4-23 所示,其他条件同 4.6.1 节例题。

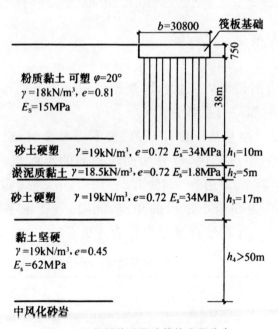

图 4-23　筏板基础及地基的土层分布

解：(1) 实体深基础的支承面积。

$$a_0 = 57.4\text{m}, b_0 = 30\text{m}, \alpha = 21°/4 = 5.25°$$

$$a_1 = a_0 + 2l\tan\alpha = 56.4 + 2 \times 38 \times \tan5.25° = 62.7\text{m}$$

$$b_1 = b_0 + 2l\tan\alpha = 30.0 + 2 \times 38 \times \tan5.25° = 36.3\text{m}$$

实体深基础的支承面积：
$$A = a_1 \times b_1 = 62.7 \times 36.3 = 2276.01 \text{m}^2$$

（2）桩底平面处对应于荷载效应准永久组合时的附加压力 p_0（kPa）。

上部荷载准永久组合
$$P = 550 \times 57.4 \times 30 = 947100 \text{kN}$$

实体基础的支承面积范围内，筏板、桩、土重
$$G = 38.0 \times 2276.01 \times 20 = 1729767.6 \text{kN}$$

等代实体深基础底面处的土自重应力值
$$p_{cd} = 18 \times 38 = 684 \text{kPa}$$

桩底平面处对应于荷载效应准永久组合时的附加压力
$$p_0 = \frac{P+G}{A} - p_0 = \frac{947100 + 1729767.6}{2276.01} - 684 = 492.1 \text{kPa}$$

（3）地基变形计算深度。
$$z_n = h_1 + h_2 + h_3 = 32 \text{m}$$

（4）持力层顶面处、底面处，矩形面积土层上均布荷载作用下角点的平均附加应力系数。

使用《建筑地基基础设计规范》表 K.0.1-2 时，对等代实体深基础底面处的中点来说，应分为四块相同的小面积，其长边 $l_1 = 62.7/2 = 31.35 \text{m}$，短边 $b_1 = 36.3/2 = 18.15 \text{m}$，等代实体深基础底面处的中点 0 为四个小矩形的角点，同时，查得的平均附加应力系数应乘以 4。计算过程及结果见表 4-5。

表 4-5　计算结果（二）

点号	z_i/m	l_1/b_1	z/b_1	$\bar{\alpha}_i$	$z_i \bar{\alpha}_i$ /mm	$z_i \bar{\alpha}_i - z_{i-1} \bar{\alpha}_{i-1}$ /mm
0	0		0	$4 \times 0.25 = 1.0$	0	
1	10	1.73	0.55	$4 \times 0.246 = 0.98$	9800	9800
2	15		0.83	0.955	14325	4525
3	32		1.76	0.80	25600	11275

持力层顶面处矩形面积土层上均布荷载作用下角点的平均

附加应力系数 $4\bar{\alpha}_0 = 1.0$。

持力层底面处矩形面积土层上均布荷载作用下角点的平均附加应力系数 $4\bar{\alpha}_1 = 0.8$。

（5）实体深基础计算桩基沉降经验系数。

查《建筑地基基础设计规范》表 R.0.3 得实体深基础计算桩基沉降经验系数 $\psi_p = 0.3$。

（6）通过桩筏基础平面中心点竖线上，该持力层土层的最终变形量（mm）。

$p_0 = 492.1\text{kPa}, E_{s1} = 34\text{MPa}, E_{s2} = 1.8\text{MPa}, E_{s3} = 34\text{MPa}$，根据《建筑地基基础设计规范》式（R.0.1）得该持力层土层的变形量

$$s' = \sigma_0 \sum_{i=1}^{3} \frac{(z_i \bar{\alpha}_i - z_{i-1} \bar{\alpha}_{i-1})}{E_s} = 492.1 \times \left(\frac{9800}{34000} + \frac{4525}{1800} + \frac{11275}{34000} \right)$$

$$= 1542.1\text{mm}$$

修正后得最终变形量：

$$s = \psi_p s' = 0.3 \times 1542.1 = 462.6\text{mm}$$

变形不能满足规范要求，所以桩长要加长穿过软土层。

第5章 桩基设计

桩基的设计既有其严肃性的一面，必须按规范保证建（构）筑的长久安全；也有其灵活性的一面，可以采用多种桩基方案比较优化设计。桩基的设计应做到安全、合理、经济、施工方便快速，并能发挥桩土体系的力学性能。

5.1 桩基设计的内容和步骤

桩基设计，一般包括如下项目。

（1）认真核算上部结构对基础的荷载能力要求和变形要求。

（2）分析地质报告内容。

（3）桩型选择及方案对比。

（4）设计对所选桩型施工可行性的全面考虑。

（5）桩持力层的选择。

（6）桩长与桩径的选择。

（7）桩的平面布置。

（8）承台的设计与计算。

（9）桩基沉降计算分析。

（10）基桩施工对周边环境影响的评估。

（11）基坑开挖对周边建筑物影响的安全性评价。

（12）设计对所选桩型安全性、合理性、经济性的全面考量。

另外，为了做出高水平的桩基设计，设计前还应进行必要的基本情况调查，认真选定适用的、简便可行而又可靠的设计方法，认真测定和选用有代表性的而且可靠的原始参数;确定桩的设计承载力时应考虑不同结构物的容许沉降量;设计桩基时应遵循和执行有关规范的规定,如《建筑桩基技术规范》《建筑地基基础设计规范》中关于桩基的部分等。

5.2　桩基承台设计

5.2.1　荷载及桩顶反力的计算

计算桩顶反力时,一般可采用桩身结构强度计算时的桩顶荷载简化的传统计算方法公式(5-2-1)进行,这时应将承台上的荷载作用位置按静力等效原则移至承台底面桩群形心处,则

$$N_i = \frac{F+D}{n} + \frac{M_x y_i}{\sum_n y_i^2} + \frac{M_y x_i}{\sum_n x_i^2} \tag{5-2-1a}$$

$$N_{ni} = \frac{F}{n} + \frac{M_x y_i}{\sum_n y_i^2} + \frac{M_y x_i}{\sum_n x_i^2} \tag{5-2-1b}$$

$$N_{ki} = \frac{F_k + D_k}{n} + \frac{M_{kx} y_i}{\sum_n y_i^2} + \frac{M_{ky} x_i}{\sum_n x_i^2} \tag{5-2-1c}$$

式中:N_i、N_{ni}、N_{ki} 分别为 i 桩顶反力设计值,i 桩顶净压力设计值,i 桩顶反力标准值;n 为总桩数;F、F_k 分别为竖向荷载的设计值与标准值;D、D_k 分别为承台自重及覆土重的设计值与标准值;M、M_k 分别为弯矩的设计值与标准值;x_i、y_i 分别为 i 桩中心在纵横坐标轴上的位置,坐标轴的原点位于桩群形心;M_x、M_y 分别为作用在承台底面,沿 x 轴方向和 y 轴方向的弯矩设计值;M_{kx}、M_{ky} 分别为作用在承台底面,沿 x 轴方向和 y 轴方向的弯矩标准值。

5.2.2 抗冲切承载力

　　承台结构冲切破坏主要考虑以下几种情况。一种是柱或承台变阶处对承台结构冲切,如图 5-1 所示;另一种是角桩对承台结构冲切,如图 5-2 所示;还有对于筏形承台,当隔墙(如箱形式承台中自身隔墙或平板筏形承台上的剪力墙)形成封闭的平面框时,如图 5-3 和图 5-4 所示,应考虑框内桩群对承台板的整体冲切,冲切破坏时,可假定沿柱(墙)底周边或桩顶周边以不大于 45°扩散线围成的锥体面上混凝土被破坏。由于桩基承台中一般只配置底部受拉钢筋,而不配置箍筋和弯起钢筋,纵向钢筋对承台的抗冲切承载力的增强作用较小,一般予以忽略,因此承台板抗冲切承载力统一可按下列公式进行估算

$$F \leqslant 0.6 f_t u_m h_0 \qquad (5\text{-}2\text{-}2)$$

式中:F 为冲切锥体外所有桩净反力设计值 N_{ni} 的总和,包括桩中心位于冲切锥体面边界线上的桩反力;f_t 为混凝土轴心抗拉设计强度;h_0 为冲切破坏锥体有效强度;u_m 为距柱(墙)底或桩顶周边 $h_0/2$ 处的冲切破坏锥体的周长,如图 5-1 和图 5-2 所示。

1. 轴心竖向力作用下桩基承台受柱(墙)的冲切

　　(1)冲切破坏锥体应采用自柱(墙)边或承台变阶处至相应桩顶边缘连线所构成的锥体,锥体斜面与承台底面之夹角不应小于 45°(图 5-1)。

　　(2)受柱(墙)冲切承载力可按下列公式计算:

$$F_l \leqslant \beta_{hp} \beta_0 u_m f_t h_0 \qquad (5\text{-}2\text{-}3)$$

$$F_l = F - \sum Q_i \qquad (5\text{-}2\text{-}4)$$

$$\beta_0 = \frac{0.84}{\lambda + 0.2} \qquad (5\text{-}2\text{-}5)$$

式中:F_l 为不计承台及其上土重,在荷载效应基本组合下作用于冲切破坏锥体上的冲切力设计值;f_t 为承台混凝土抗拉强度设计

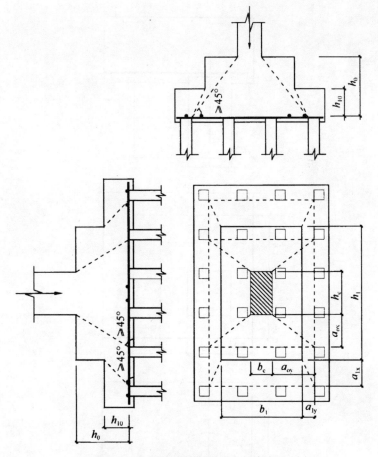

图 5-1　柱和承台变阶处对承台的冲切

值;β_{hp} 为承台受冲切承载力截面高度影响系数,当 $h \leqslant 800\text{mm}$ 时,β_{hp} 取 1.0,$h \geqslant 2000\text{mm}$ 时,β_{hp} 取 0.9,其间按线性内插法取值; u_m 为承台冲切破坏锥体一半有效高度处的周长;h_0 为承台冲切破坏锥体的有效高度;β_0 为柱(墙)冲切系数;λ 为冲跨比,$\lambda = a_0/h_0$。 a_0 为柱(墙)边或承台变阶处到桩边水平距离;当 $\lambda < 0.25$ 时,取 $\lambda = 0.25$;当 $\lambda > 1.0$ 时,取 $\lambda = 1.0$;F 为不计承台及其上土重,在荷载效应基本组合作用下柱(墙)底的竖向荷载设计值;$\sum Q_i$ 为不计承台及其上土重,在荷载效应基本组合下冲切破坏锥体内各基桩或复合基桩的反力设计值之和。

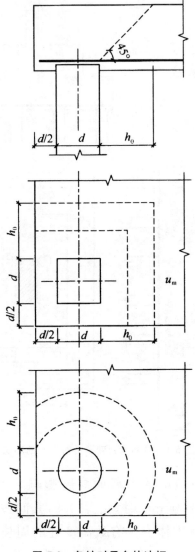

图 5-2　角桩对承台的冲切

　　(3) 对于柱下矩形独立承台受柱冲切的承载力可按下列公式计算(图 5-1):

$$F_l \leqslant 2[\beta_{0x}(b_c + a_{0y}) + \beta_{0y}(h_c + a_{0x})]\beta_{hp}f_t h_0 \quad (5\text{-}2\text{-}6)$$

式中:β_{0x}、β_{0y} 分别由式(5-2-5)求得,$\lambda_{0x} = a_{0x}/h_0$,$\lambda_{0y} = a_{0y}/h_0$;$\lambda_{0x}$、$\lambda_{0y}$ 均应满足 $0.25 \sim 1.0$ 的要求;h_c、b_c 分别为 x、y 方向的柱截面的边长;a_{0x}、a_{0y} 分别为 x、y 方向柱边离最近桩边的水平距离。

（4）对于柱下矩形独立阶形承台受上阶冲切的承载力可按下列公式计算（图 5-1）：

$$F_l \leqslant 2[\beta_{1x}(b_1 + a_{1y}) + \beta_{1y}(h_1 + a_{1x})]\beta_{hp}f_th_{10}$$

式中：β_{1x}、β_{1y}分别由式（5-2-5）求得，$\lambda_{1x} = a_{1x}/h_{10}$，$\lambda_{1y} = a_{1y}/h_{10}$；$\lambda_{1x}$、$\lambda_{1y}$均应满足 $0.25\sim1.0$ 的要求；h_1、b_1 分别为 x、y 方向承台上阶的边长；a_{1x}、a_{1y}分别为 x、y 方向承台上阶边离最近桩边的水平距离。

对于圆柱及圆桩，计算时应将其截面换算成方柱及方桩，即取换算柱截面边长 $b_c = 0.8d_c$（d_c 为圆柱直径），换算桩截面边长 $b_p = 0.8d$（d 为圆桩直径）。

对于柱下两桩承台，宜按深受弯构件（$l_0/h < 5.0$，$l_0 = 1.15l_n$，l_n 为两桩净距）计算受弯、受剪承载力，不需要进行受冲切承载力计算。

2. 位于柱（墙）冲切破坏锥体以外的基桩

（1）四桩以上（含四桩）承台受角桩冲切的承载力可按下列公式计算（图 5-3）：

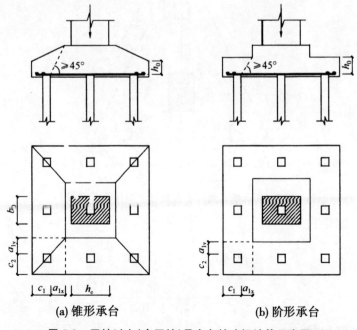

(a) 锥形承台　　　　**(b) 阶形承台**

图 5-3　四桩以上（含四桩）承台角桩冲切计算示意图

$$N_l \leqslant \left[\beta_{1x}(c_2 + a_{1y}/2) + \beta_{1y}(c_1 + a_{1x}/2) \right] \beta_{hp} f_t h_0 \quad (5\text{-}2\text{-}7)$$

$$\beta_{1x} = \frac{0.56}{\lambda_{1x} + 0.2} \quad (5\text{-}2\text{-}8)$$

$$\beta_{1y} = \frac{0.56}{\lambda_{1y} + 0.2} \quad (5\text{-}2\text{-}9)$$

式中：N_l 为不计承台及其上土重，在荷载效应基本组合作用下角桩（含复合基桩）反力设计值；β_{1x}、β_{1y} 分别为角桩冲切系数；a_{1x}、a_{1y} 分别为从承台底角桩顶内边缘引 45°冲切线与承台顶面相交点至角桩内边缘的水平距离；当柱（墙）边或承台变阶处位于该 45°线以内时，则取由柱（墙）边承台变阶处与桩内边缘连线为冲切锥体的锥线（图 5-3）；h_0 为承台外边缘的有效高度；λ_{1x}、λ_{1y} 分别为角桩冲跨比，$\lambda_{1x}=a_{1x}/h_0$，$\lambda_{1y}=a_{1y}/h_0$，其值均应满足 $0.25\sim1.0$ 的要求。

（2）对于三桩三角形承台可按下列公式计算受角桩冲切的承载力（图 5-4）：

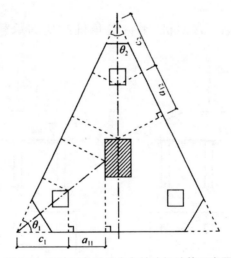

图 5-4　三桩三角形承台角桩冲切计算示意图

底部角桩

$$N_l \leqslant \beta_{11}(2c_1 + a_{11}) \beta_{hp} \tan\frac{\theta_1}{2} f_t h_0 \quad (5\text{-}2\text{-}10)$$

$$\beta_{11} = \frac{0.56}{\lambda_{11} + 0.2} \quad (5\text{-}2\text{-}11)$$

顶部角桩

$$N_l \leqslant \beta_{12}(2c_2 + a_{12})\beta_{hp}\tan\frac{\theta_2}{2}f_t h_0 \qquad (5\text{-}2\text{-}12)$$

$$\beta_{12} = \frac{0.56}{\lambda_{12} + 0.2} \qquad (5\text{-}2\text{-}13)$$

式中：λ_{11}、λ_{12}分别为角桩冲跨比，$\lambda_{11} = a_{11}/h_0$，$\lambda_{12} = a_{12}/h_0$，其值均应满足 0.25～1.0 的要求；$a_{11}$、$a_{12}$分别为从承台底角桩顶内边缘引 45°冲切线与承台顶面相交点至角桩内边缘的水平距离；当柱（墙）边或承台变阶处位于该 45°线以内时，则取由柱（墙）边或承台变阶处与桩内边缘连线为冲切锥体的锥线。

（3）对于箱形、筏形承台，可按下列公式计算承台受内部基桩的冲切承载力：

1）应按下式计算受基桩的冲切承载力[图 5-5(a)]

$$N_l \leqslant 2.8(b_p + h_0)\beta_{hp}f_t h_0 \qquad (5\text{-}2\text{-}14)$$

2）应按下式计算受桩群的冲切承载力[图 5-5(b)]

$$\sum N_{li} \leqslant 2[\beta_{0x}(b_y + a_{0y}) + \beta_{0y}(b_x + a_{0x})]\beta_{hp}f_t h_0$$

$$(5\text{-}2\text{-}15)$$

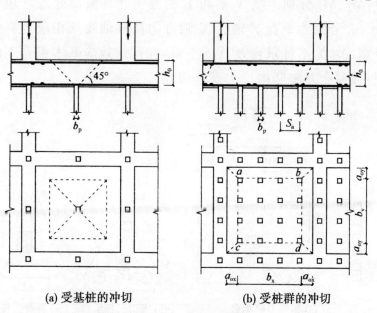

(a) 受基桩的冲切   (b) 受桩群的冲切

图 5-5 基桩对筏形承台的冲切和墙对筏形承台的冲切计算示意图

式中：N_l、$\sum N_{li}$ 分别为不计承台和其上土重，在荷载效应基本组合下，基桩或复合基桩的净反力设计值、冲切锥体内各基桩或复合基桩反力设计值之和。

5.2.3 抗弯承载力

桩基承台抗弯计算主要内容就是确定在外荷载及桩顶反力作用下承台结构内的弯矩，当弯矩确定后，便可按普通钢筋混凝土梁、板构件计算承台梁、板的配筋。

1. 柱下独立桩基承台板的正截面弯矩

（1）两桩条形承台和多桩矩形承台弯矩计算截面取在柱边和承台变阶处[图 5-6(a)，h_0 为柱边承台有效高度]，可按下列公式计算：

$$M_x = \sum N_i y_i \tag{5-2-16}$$

$$M_y = \sum N_i x_i \tag{5-2-17}$$

式中：M_x、M_y 分别为绕 X 轴和 Y 轴方向计算截面处的弯矩设计值；x_i、y_i 分别为垂直 Y 轴和 X 轴方向自桩轴线到相应计算截面的距离；N_i 为不计承台及其上土重，在荷载效应基本组合下的第 i 基桩或复合基桩竖向反力设计值。

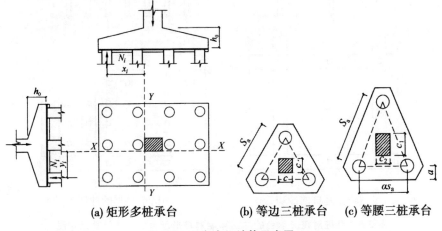

(a) 矩形多桩承台   (b) 等边三桩承台   (c) 等腰三桩承台

图 5-6 承台弯矩计算示意图

（2）三桩承台。

1）等边三桩承台[图 5-6(b)]：

$$M = \frac{N_{max}}{3}\left[S_a - \frac{\sqrt{3}}{4}c\right] \qquad (5\text{-}2\text{-}18)$$

式中：M 为通过承台形心至各边边缘正交截面范围内板带的弯矩设计值；N_{max} 为不计承台及其上土重，在荷载效应基本组合下三桩中最大基桩或复合基桩竖向反力设计值；S_a 为桩中心距；c 为方柱边长，圆柱时 $c = 0.8d$（d 为圆柱直径）。

2）等腰三桩承台[图 5-6(c)]：

$$M_1 = \frac{N_{max}}{3}\left[S_a - \frac{0.75}{\sqrt{4-\alpha^2}}c_1\right] \qquad (5\text{-}2\text{-}19)$$

$$M_2 = \frac{N_{max}}{3}\left[S_a - \frac{0.75}{\sqrt{4-\alpha^2}}c_2\right] \qquad (5\text{-}2\text{-}20)$$

式中：M_1、M_2 分别为通过承台形心至两腰边缘和底边边缘正交截面范围内板带的弯矩设计值；S_a 为长向桩中心距；α 为短向桩中心距与长向桩中心距之比，当 α 小于 0.5 时，应按变截面的二桩承台设计；c_1、c_2 分别为垂直于、平行于承台底边的柱截面边长。

2. 柱下条形承台梁的弯矩

（1）一般可按弹性地基梁（地基计算模型应根据地基土层特性选取）进行分析计算。将柱作为支座采用倒置连续梁或倒楼盖法计算承台梁或承台板的弯矩，当倒置连续梁或倒楼盖的支座竖向反力与实际上部结构柱的竖向荷载二者之间出入较大时，则应适当调整桩位并重复上述计算过程，当支座竖向反力与上部竖向荷载基本吻合，就可确定为最后计算弯矩。

（2）当桩端持力层深厚坚硬且桩柱轴线不重合时，可视桩为不动铰支座，按连续梁计算。可先将承台梁或承台板上的荷载按静力等效原则移至承台梁或承台板底面桩群形心处，并求出桩顶反力 N_i，然后在确定承台梁或承台板的弯矩时可按下列方法计算。

当桩基的沉降量较小且均匀时，可将单桩简化为一个弹簧，

按支承与弹簧上的弹性梁或板来近似计算承台梁或承台板的弯矩,其中桩的弹簧常数可近似按下式计算

$$k = \frac{1}{\dfrac{\lambda L}{EA} + \dfrac{1}{c_0 A_0}} \tag{5-2-21}$$

式中:k 为桩的弹簧常数;λ 为桩侧阻力分布形式系数,当桩侧阻力沿桩身均匀分布时,$\lambda = (1+\alpha')/2$;当桩侧阻力沿桩身三角形分布时,$\lambda = (2+\alpha')/3$;当端承桩时,$\lambda = 1$;其中 α' 为桩端极限阻力占桩的极限承载力的比例;L 为桩长;E 为桩身弹性模量;A 为桩身截面积;c_0 为桩端地基土竖向抗力系数,$c_0 = m_0 L$,m_0 为桩端地基土竖向抗力系数的比例系数;当 $L < 10\text{m}$ 时,以 10m 计;A_0 为桩侧阻力扩散至桩端平面所围成的圆面积,$A_0 = \pi \left(\dfrac{d}{2} + L\tan \dfrac{\overline{\varphi}}{4} \right)^2 \leqslant$

$\dfrac{\pi}{4} S_a^2$,当该面积超过以相邻桩端中心距 S_a 为直径的面积时,则 A_0 取后者,$\overline{\varphi}$ 为桩端侧土内摩擦角加权平均值。

3. 墙下桩基承台梁的弯矩

主要问题是如何考虑墙体与承台梁的共同作用,即作用于承台梁上的有效竖向荷载的取值问题。实际工程中基于不同荷载分布假定常用的有以下三种不同的弯矩和剪力计算方法。

(1)均布全荷载连续梁法。不考虑墙体与承台梁的共同作用,将墙体传下的荷载均布于承台梁上,以桩作为支座,按普通连续梁计算其弯矩和剪力。

(2)过梁荷载取值法。按《砌体结构设计规范》(GB 50003—2001)中有关过梁荷载取值的规定确定连续承台梁的荷载(图5-7)。

1)对砖砌体,当过梁上的墙体高度 $h_w \leqslant l_n/3$(l_n 为过梁的净跨,即桩的净距)时,应按墙体的均布自重采用。当墙体高度 $h_w \geqslant l_n/3$ 时,应按高度为 $l_n/3$ 墙体的均布自重采用。

2)对混凝土砌块砌体,当过梁上的墙体高度 $h_w \leqslant l_n/2$ 时,应

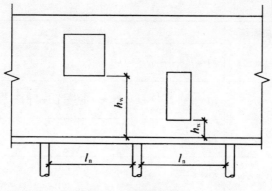

图 5-7　过梁荷载取值

按墙体的均布自重采用。当墙体高度 $h_w \geqslant l_n/2$ 时,就按高度为 $l_n/2$ 墙体的均布自重采用。

弯矩和剪力计算与连系梁法相同。

（3）倒置弹性地基梁荷载取值,如图 5-8 所示。

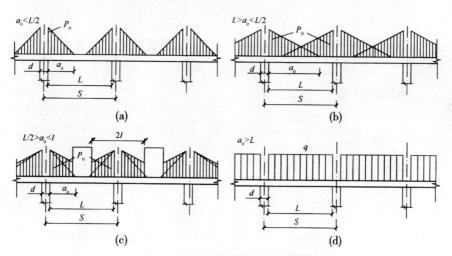

图 5-8　倒置弹性地基梁荷载取值

表 5-1　墙下连续承台梁内力计算公式

内力	计算简图编号	内力计算公式	
支座弯矩	（a）、（b）、（c）	$M = -p_0 \dfrac{a_0^2}{12}\left(2 - \dfrac{a_0}{L_c}\right)$	（5-2-22a）
	（d）	$M = -q \dfrac{L_c^2}{12}$	（5-2-22b）

内力	计算简图编号	内力计算公式	
跨中弯矩	(a)、(c)	$M = p_0 \dfrac{a_0^3}{12 L_c}$	(5-2-22c)
	(b)	$M = \dfrac{p_0}{12}\left[L_c\left(6a_0 - 3L_c + 0.5\dfrac{L_c^2}{a_0}\right) - a_0^2\left(4 - \dfrac{a_0}{L_c}\right)\right]$	(5-2-22d)
	(d)	$M = \dfrac{q L_c^2}{24}$	(5-2-22e)
最大剪力	(a)、(b)、(c)	$Q = \dfrac{p_0 a_0}{2}$	(5-2-22f)
	(d)	$Q = \dfrac{qL}{2}$	(5-2-22g)

注:当连续承台梁少于 6 跨时,其支座与跨中弯矩应按实际跨数和图 5-8 求计算公式。

式(5-2-22)中,p_0 为线荷载的最大值(kN/m),按下式确定

$$p_0 = \frac{q L_c}{a_0} \qquad (5\text{-}2\text{-}22\text{h})$$

a_0 为自桩边算起的三角形荷载图形的底边长度,分别按下列公式确定

中间跨

$$a_0 = 3.14 \sqrt[3]{\frac{E_n I}{E_k b_k}} \qquad (5\text{-}2\text{-}22\text{i})$$

边跨

$$a_0 = 2.4 \sqrt[3]{\frac{E_n I}{E_k b_k}} \qquad (5\text{-}2\text{-}22\text{j})$$

式中:L_c 为计算跨度,$L_c = 1.05L$;L 为两相邻桩之间的净距;q 为承台梁底面以上的均布荷载;$E_n I$ 为承台梁的抗弯刚度;E_n 为承台梁混凝土弹性模量;I 为承台梁横截面的惯性矩;E_k 为墙体的弹性模量;b_k 为墙体的宽度。

当门窗口下布有桩,且承台梁顶面至门窗口的砌体高度小于门窗口的净宽时,则应按倒置的简支梁计算该段梁的弯矩,即取门窗净宽的 1.05 倍为计算跨度,取门窗下桩顶荷载为计算集中荷载进行计算。

一般情况下宜采用倒置弹性地基梁法计算。墙下承台梁的弯矩求出后,便可按普通钢筋混凝土构件计算抗弯钢筋。

对于承台上的砌体墙,尚应验算桩顶部位砌体的局部承压强度。

5.2.4 抗剪切承载力

1. 柱下独立桩基承台斜截面受剪承载力计算

(1) 承台斜截面受剪承载力可按下列公式计算(图 5-9):

$$V \leqslant \beta_{hs} f_t b_0 h_0 \qquad (5\text{-}2\text{-}23a)$$

$$\alpha = \frac{1.75}{\lambda + 1} \qquad (5\text{-}2\text{-}23b)$$

$$\beta_{hs} = \left(\frac{800}{h_0}\right)^{1/4} \qquad (5\text{-}2\text{-}23c)$$

式中:V 为不计承台及其上土自重,在荷载效应基本组合下,斜截面的最大剪力设计值;f_t 为混凝土轴心抗拉强度设计值;b_0 为承台计算截面处的计算宽度;h_0 为承台计算截面处的有效高度;α 为承台剪切系数,按式(5-2-23b)确定;λ 为计算截面的剪跨比,$\lambda_x = a_x/h_0$,$\lambda_y = a_y/h_0$,此处,a_x、a_y 为柱边(墙边)或承台变阶处至

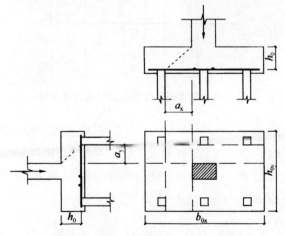

图 5-9 承台斜截面受剪计算示意图

y、x 方向计算一排桩的桩边的水平距离,当 $\lambda<0.25$ 时,取 $\lambda=0.25$;当 $\lambda>3$ 时,取 $\lambda=3$;β_{hs} 为受剪切承载力截面高度影响系数;当 $h_0<800\text{mm}$ 时,取 $h_0=800\text{mm}$;当 $h_0>2000\text{mm}$ 时,取 $h_0=2000\text{mm}$;其间按线性内插法取值。

(2) 对于阶梯形承台应分别在变阶处,(A_1-A_1,B_1-B_1)及柱边处(A_2-A_2,B_2-B_2)进行斜截面受剪承载力计算(图 5-10)。

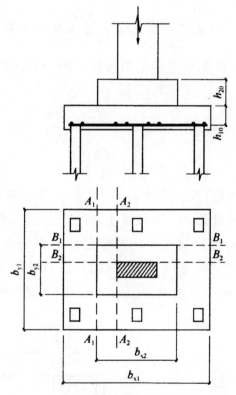

图 5-10 阶梯形承台斜截面受剪计算示意

计算变阶处截面 A_1-A_1,B_1-B_1 的斜截面受剪承载力时,其截面有效高度均为 h_{10},截面计算宽度分别为 b_{y1} 和 b_{x1}。

计算柱边截面 A_2-A_2,B_2-B_2 的斜截面受剪承载力时,其截面有效高度均为 $h_{10}+h_{20}$,截面计算宽度分别为:

对 A_2-A_2

$$b_{y0} = \frac{b_{y1} \cdot h_{10} + b_{y2} \cdot h_{20}}{h_{10} + h_{20}} \qquad (5\text{-}2\text{-}24\text{a})$$

对 B_2-B_2

$$b_{x0} = \frac{b_{x1} \cdot h_{10} + b_{x2} \cdot h_{20}}{h_{10} + h_{20}} \qquad (5\text{-}2\text{-}24\mathrm{b})$$

（3）对于锥形承台应对 A-A 及 B-B 两个截面进行受剪承载力计算（图 5-11）。

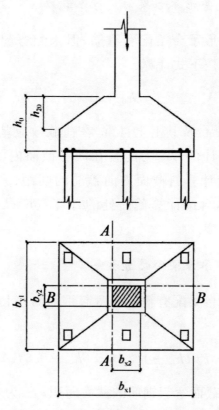

图 5-11　锥形承台斜截面受剪计算示意图

截面有效高度均为 h_0，截面的计算宽度分别为：

对 A-A

$$b_{y0} = \left[1 - 0.5 \frac{h_{20}}{h_0} \left(1 - \frac{b_{y2}}{b_{y1}}\right)\right] b_{y1} \qquad (5\text{-}2\text{-}25\mathrm{a})$$

对 B-B

$$b_{x0} = \left[1 - 0.5 \frac{h_{20}}{h_0} \left(1 - \frac{b_{x2}}{b_{x1}}\right)\right] b_{x1} \qquad (5\text{-}2\text{-}25\mathrm{b})$$

2. 梁板式筏形承台的梁的受剪承载力

梁板式筏形承台的梁的受剪承载力可按现行国家标准《混凝土结构设计规范》(GB 50010—2002)计算。

3. 砌体墙下条形承台梁的受剪承载力

砌体墙下条形承台梁配有箍筋,但未配弯起钢筋时,斜截面的受剪承载力可按下式计算

$$V \leqslant 0.7 f_t b h_0 + 1.25 f_{yv} \frac{A_{sv}}{s} h_0 \qquad (5\text{-}2\text{-}26)$$

式中:V 为不计承台及其上土自重,在荷载效应基本组合下,计算截面处的剪力设计值;A_{sv} 为配置在同一截面内箍筋各肢的全部截面面积;s 为沿计算斜截面方向箍筋的间距;f_{yv} 为箍筋抗拉强度设计值;b 为承台梁计算截面处的计算宽度;h_0 为承台梁计算截面处的有效高度。

4. 砌体墙下承台梁的受剪承载力

砌体墙下承台梁配有箍筋和弯起钢筋时,斜截面的受剪承载力可按下式计算:

$$V \leqslant 0.7 f_t b h_0 + 1.25 f_y \frac{A_{sv}}{s} h_0 + 0.8 f_y A_{sb} \sin\alpha_s \quad (5\text{-}2\text{-}27)$$

式中:A_{sb} 为同一截面弯起钢筋的截面面积;f_y 为弯起钢筋的抗拉强度设计值;α_s 为斜截面上弯起钢筋与承台底面的夹角。

5. 柱下条形承台梁的受剪承载力

柱下条形承台梁,当配有箍筋但未配弯起钢筋时,其斜截面的受剪承载力可按下式计算

$$V \leqslant \frac{1.75}{\lambda+1} f_t b h_0 + f_y \frac{A_{sv}}{s} h_0 \qquad (5\text{-}2\text{-}28)$$

式中:λ 为计算截面的剪跨比,$\lambda = a/h_0$,a 为柱边至桩边的水平距离;当 $\lambda < 1.5$ 时,取 $\lambda = 1.5$;当 $\lambda > 3$ 时,取 $\lambda = 3$。

5.3　桩身结构设计

5.3.1　钢筋混凝土预制桩的构造

钢筋混凝土预制桩分为方桩和管桩两大类,而且常采用预应力混凝土。方桩制造方便,通常采用整根预制,必要时也可分节制造;方桩的接桩也较方便。此外,方桩与同面积(同为实心)的圆桩相比,侧摩擦力可提高 13%。某些地区在岸坡或临近驳岸处,为抵抗土压力或增加岸坡的稳定性,采用过矩形断面,其长边垂直于岸线,以增加桩的抗弯能力,具有一定效果。在外海和水流流速较大的地区,采用圆桩可减小波浪及水流产生的压力,比方桩有明显的优越性。特别是预应力管桩具有良好的性能,在铁路桥梁工程和建筑工程中应用较多。

1. 钢筋混凝土方桩

普通钢筋混凝土方桩即非预应力钢筋混凝土方桩,桩身混凝土强度等级不宜低于 C35,常用的截面边长为 200~550mm,在建筑工程中采用较多,也可在内河小型码头中采用。

预应力混凝土方桩是港口工程中应用较多的桩型,桩身混凝土强度等级不宜低于 C40。预应力混凝土方桩的断面一般为 200mm×200mm~500mm×500mm。当断面边长大于或等于 300mm 时,桩身内可做成圆形空心(一般采用充气胶囊作内模),以减轻自重,有利于存放、吊运和吊立,空心直径根据桩断面的大小而定,保证有一定的壁厚。《港口工程桩基规范》(JTS 167—4—2012)中对桩身、桩的配筋以及桩尖的要求如下。

(1) 空心方桩的桩身。

1) 桩的外保护层应满足《水运工程混凝土结构设计规范》(JTS 151—2011)的相关要求,内壁保护层厚度不宜小于 40mm。

采用胶囊抽芯制桩工艺时应考虑胶囊上浮的影响。

2）对于锤击下沉的空心桩，在桩顶 4 倍桩宽范围内应做成实心段。对于遭受冻融和冰凌撞击的地区，桩顶实心段长度应适当加长，最好采用实心桩，以增加桩的耐久性。

预应力桩桩身混凝土的强度等级不低于 C40。

（2）桩的主筋。

1）主筋直径一般不小于 14mm。当桩宽大于等于 45cm 时，主筋根数不宜小于 8 根；当桩宽在 45cm 以下时，不得小于 4 根。

2）主筋宜对称布置，当外力方向固定时，允许增加附加短筋，以抵抗局部内力，所加短筋应有足够锚固长度，并保证沉桩后符合受力要求。

3）钢筋混凝土桩宜采用 HRB400 级和 HRB500 级钢筋作为主筋，预应力混凝土桩的主筋宜采用冷拉 RRB400 级钢筋，配筋率均不小于桩截面面积的 1%。

（3）桩的箍筋。

1）箍筋一般采用 HPB300 级、HRB335 级、HRB400 级钢筋，直径宜为 6～8mm，且做成封闭式。

2）钢筋混凝土桩的箍筋间距不应大于 400mm，预应力混凝土桩的箍筋间距一般取 400～500mm。对于承受较大锤击压应力的桩，箍筋宜适当加密。

3）当桩每边主筋大于等于 3 根时，应设置附加箍筋，且间距可适当放大。但采用胶囊抽芯工艺制作空心桩时，固定胶囊的附加箍筋间距不应大于 500mm，以减小空腔偏心。

4）在桩顶 4 倍桩宽和桩端 3 倍桩宽范围内箍筋的间距宜加密到 50～100mm，并在桩顶设置 3～5 层钢筋网，其钢筋直径为 6～8mm，两个方向上的钢筋间距均为 50～60mm。钢筋网应与桩顶箍筋相连。桩尖部分斜向钢筋不应少于 4 根，并应设置间距为 50～100mm、直径为 6mm 的箍筋（图 5-12）。当桩尖部分另加短筋时，所加短筋直径不应小于主筋直径，且在桩内应有足够的锚固长度，并应与主筋相连。

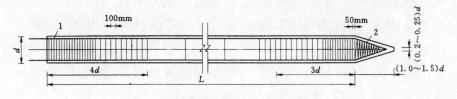

图 5-12　桩身构造图

1—钢筋图 3～5 层；2—螺旋钢筋

（4）桩尖。

1）桩尖一般做成楔形，便于桩的打入，其长度为 1.0～1.5 倍桩宽。

2）当桩需穿过或进入硬土层时，桩尖长度宜取较大值；当需打入风化岩层、砾石层或打穿柴排等障碍物而沉桩困难时，宜在桩尖设置穿透能力强的桩靴，也可在桩端设置 H 型钢桩，形成组合桩，以增加打入风化岩的深度，H 型型钢伸出混凝土桩端长度可根据具体情况确定，但不宜小于 1.0m。

2. 预应力混凝土管桩

预应力混凝土管桩按生产工艺可分为两类：①先张法预应力混凝土管桩，由预制预应力管节拼接，采用焊接或法兰盘螺栓连接形成；②后张法预应力混凝土管桩，由预制混凝土管节拼接，并采用后张法预加应力形成。

先张法预应力混凝土管桩是桥梁工程和工业与民用建筑中应用较广的一种桩型，主要由圆筒形桩身、端头板和钢套箍等组成（图 5-13）。按其强度等级可分为预应力混凝土管桩（代号 PC 桩）和预应力高强混凝土管桩（代号 PH 桩）。前者混凝土强度等级不低于 C60，后者不低于 C80。管桩外径 300～1000mm，壁厚 60～130mm。常用管径为 400mm 和 500mm，前者壁厚 90～95mm，后者壁厚 100mm。也有厂家生产壁厚 125mm 的"厚壁桩"和壁厚只有 70mm 的"薄壁桩"，以适应实际工程的需要。管桩节长一般不超过 15m，常用 8～12m，根据设计使用的要求，也少量生产过 4～5m 长的短节桩和节长为 25～30m 的管桩。我国将先张法预应力管桩按混凝土抗裂弯矩和极限弯矩的大小分为 A 型、AB 型、B 型和 C 型,其有效预压应力值分别约为 3.92MPa、5.88MPa、7.85MPa 和 9.81MPa。对于预压应力为 4.0～5.0MPa 的管桩,打桩时桩身一般不会出现横向裂缝,所以对于一般的建筑工程,选用 A 类或 AB 类型桩即可。

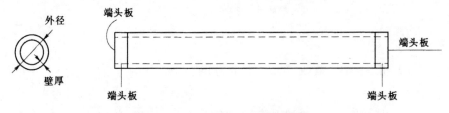

图 5-13　先张法预应力管桩示意图

后张法预应力混凝土桩也称为雷蒙德桩,在我国港口工程中采用较多。我国生产的雷蒙德桩管节长 4m,外径 1000mm 和 1200mm,其构造如图 5-14 所示。首先用离心、振动、辊压 3 个系统组成的离心振动成型机生产管节,运至施工工地后按需要的桩长拼接。管桩的拼接包括用黏结剂黏接管节,用自动穿丝机将钢丝束穿入预留孔,在管桩两端同时张拉和对预留孔道用压力灌入水泥浆填塞。这种大直径管桩与预应力混凝土方桩比,强度高,密度大,耐锤击,承载力大;与钢桩比,耐久性好,使用寿命长,不需经常维护,用钢量仅为钢桩的 1/8～1/6,成本仅为钢桩的 1/3～1/2,故很有发展前途。缺点是生产工艺和设备复杂。大管桩的主筋采用单股或双股钢绞线,沿周长均匀布置,且不少于 16 根。箍筋采用 I 级钢筋,直径不得小于 6mm,并做成螺旋式,桩顶管节和普通管节两端部各 1m 范围内螺距取 50mm,其余应取 100mm。固定箍筋的纵向架立筋宜采用 II 级钢筋,直径一般为 7mm。大管桩壁厚应满足钢绞线预留孔及内外保护层的要求,预留孔的灌浆应密实,灌浆材料的强度不得低于 40MPa,并应满足握裹力的要求。为消除打桩过程中水锤现象对桩身的不利影响,应在桩身适当部位预留排水孔,孔径取 50mm。当桩需打入风化岩层、砾石层、老黏土层,沉桩困难时,可设置钢桩靴,并在桩顶设钢板箍。

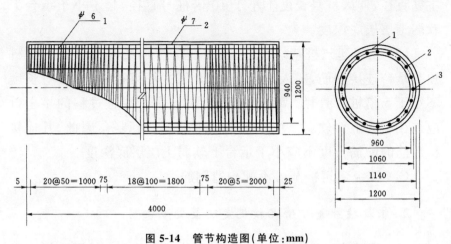

图 5-14　管节构造图(单位:mm)
1—螺旋环向箍筋;2—纵向构造筋;3—预留孔缝

5.3.2　灌注桩结构设计

灌注桩桩身材料和配筋的选择主要是满足工作条件下桩的强度要求。当灌注桩经计算符合要求时,桩身可不配抗压钢筋,只需配置桩顶与承台连接的构造筋。当桩顶竖向荷载和水平荷载较大时,则需按设计规范配置抗压或抗拉钢筋。

1. 按构造要求配筋

当灌注桩的桩顶轴向和水平荷载不很大时,只需按构造要求配筋,就能满足桩的工作要求,此时桩顶轴向压力应符合以下规定

$$\gamma_0 N \leqslant f_c \cdot A \qquad (5\text{-}3\text{-}1)$$

式中:A 为桩身截面面积(m^2);f_c 为混凝土轴心抗压强度设计值(kPa),根据灌注桩施工工艺予以折减:对于干作业非排土灌注桩乘以 0.9,对于其他类型灌注桩乘以 0.8。

对于不同安全等级的建筑物,灌注桩桩身构造配筋的要求分别如下。

(1)一级建筑桩基,应配置桩顶与承台的连接钢筋,其主筋采用 6～10 根 $\phi12$～14 钢筋,配筋率不小于 0.2%,锚入承台 30 倍

主筋直径,伸入桩身长度不小于10倍桩身直径,且不小于承台下软弱土层层底深度。

（2）二级建筑桩基,根据桩径大小配置4～8根 $\phi 10$～12的桩顶与承台连接钢筋,锚入承台至少30倍主筋直径,伸入桩身长度不小于5倍桩身直径。对于沉管灌注桩,由于成桩过程的挤土效应往往引起上部软弱土层中桩身出现缩颈、断裂等,因此,其连接构造筋的配筋长度不应小于承台下软弱土层层底深度。

（3）三级建筑桩基可不配构造钢筋。

2. 根据桩身受力情况按规定配置受力钢筋

（1）配筋率。当桩顶轴向和水平荷载很大时,必须按规定配置受力钢筋,当桩身直径为300～2000mm时,截面配筋率可取0.65%～0.20%(小桩径取高值,大桩径取低值);对受水平荷载特别大的桩、抗拔桩和嵌岩端承桩,应根据桩的承载力要求,通过计算确定配筋率。

（2）配筋长度。配筋长度根据桩身情况决定。

1）端承桩的桩长一般相对较小,所承受的竖向力沿深度递减很小,故宜通长配筋。

2）受水平荷载(包括地震作用)的摩擦桩,由于桩长一般相对较大,桩身轴力递减快,通长配筋并非受力所需,因此,配筋长度宜采用 $4.0/\alpha, \alpha = \sqrt[5]{\dfrac{mb_0}{EI}}$。

3）对于单桩竖向承载力较高的摩擦端承桩,由于传递到桩端的轴向压力较大,一般情况下宜沿深度降低配筋率,即宜沿深度分段变截面配通长或局部长筋。

4）受负摩阻力较大的桩,由于中性点截面的轴向压力大于桩顶荷载,且全桩长的轴向压力都较大,因此,宜通长配筋。

5）位于坡地岸边的桩基,兼有抗滑、保持整体稳定的作用,也宜通长配筋。

6）对抗拔桩应通长配置抗拔钢筋。

（3）主筋。桩顶主筋应伸入承台内,其锚固长度不宜小于 30 倍主筋直径,对于抗拔桩基不应小于 40 倍主筋直径。

对于受水平荷载的桩,主筋不宜小于 $8\phi10$,对于抗压和抗拔桩,主筋不应小于 $6\phi10$,纵向主筋沿桩身周边均匀布置,其净距离不应小于 60mm,并尽量减少钢筋接头。

（4）箍筋。箍筋采用 $\phi6\sim8@200\sim300$mm 螺旋式箍筋;受水平荷载较大的桩基和抗震桩基,桩顶 $3\sim5$ 倍桩径范围内箍筋应适当加密;当钢筋笼长度超过 4m 时,应每隔 2m 左右焊接一道 $\phi12\sim18$ 加劲箍筋。

3. 桩身混凝土

混凝土强度等级不得低于 C15,水下灌注混凝土时不得低于 C20;必须具有良好的和易性,坍落度宜为 $180\sim220$mm;粗骨料的最大粒径应不小于 40mm,含砂量宜为 $40\%\sim45\%$。

主筋的混凝土保护层厚度不应小于 35mm,水下灌注混凝土不得小于 50mm。

5.4　变刚度调平设计

5.4.1　变刚度调平设计的提出及基本原理

为了减小差异变形、降低承台内力和上部结构次应力,以节约资源,提高建筑物使用寿命,确保正常使用功能,提出了变刚度调平设计的概念,在此基础上进行了试验和试验性的工程,并将这种桩基设计方法列入了《建筑桩基技术规范》(JGJ 94—2008)中。

变刚度是一种手段,采用变刚度的方法将底板的变形调平是这种设计方法的目的。可以采取如下几种方法改变桩基的刚度。

（1）桩基变刚度采用如图 5-15 所示的方法以改变桩的直径、长度、间距，它们都可以改变桩基的刚度。

（2）局部增强的方法。采用天然地基时，对荷载集中的区域如核心筒等实施局部增强处理，包括采用局部桩基与局部刚性桩复合地基。

（3）局部弱化处理。采用天然地基、疏桩、短桩、复合地基等相对于桩基而言其有较低刚度等方法。

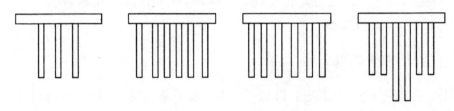

图 5-15　变刚度的布桩模式

《建筑桩基技术规范》(JCJ 94—2008)就下面的 4 种情况提出了概念性的设计原则。

（1）对于主群楼连体建筑，当高层主体采用桩基时，裙房（含纯地下室）的地基或桩基的刚度宜相对弱化，可采用天然地基，复合地基，疏桩或短桩基础。

（2）对于框架-核心筒结构高层建筑桩基，应加强核心筒区域桩基刚度（如适当增加桩长、桩径、桩数、采用后注浆等措施），适当弱化核心筒外围桩基刚度。

（3）对于框架-核心筒结构高层建筑天然地基满足要求的情况下，宜于核心筒区域设置增强刚度，减小沉降的摩擦型桩。

（4）对于大体量筒仓、储罐的摩擦型桩基，宜按内强外弱原则布桩。

根据建筑物的特点，按照上述原则进行概念设计，即采取各种不同强化或弱化的方案进行布桩，然后进行上部结构-基础-桩土地基共同作用的分析计算，进一步优化布桩，并确定承台的内力与配筋。

5.4.2　变刚度调平设计具体实施

对于以上规范,可依据情况采用不同的实施方法。

(1) 局部增加变刚度。在满足天然地基承载力要求下,可以对荷载集度高的区域如核心筒等实施局部增强处理,包括采用局部桩与局部刚性桩复合地基。

(2) 对于荷载分布比较均匀的大型油罐等构造物,宜按变桩距,变桩长布桩以抵消因相互作用对中心区支承刚度的削弱效应,对于框架-剪力墙、框架-核心筒等结构,应按荷载分布考虑相互作用。将桩相对集中布置于核心筒和柱下,对于外围框架区域应适当弱化。按复合桩基设计,桩长宜减小。

在概念设计的基础上,进行上部结构-基础-地基(桩土)共同作用分析计算,进一步优化布桩,并确定承台内力与配筋。

目前的设计软件如 PKPM 系列 JCCAD 软件都可以进行共同工作分析,同时对于地震荷载作用下,建筑边、角的荷载增大,因此必须进行考虑地震荷载作用下的共同作用计算,确定边、角桩满足抗震设计要求。

5.4.3　变刚度调平设计总体思路

总体思路:以调整桩土支承刚度分布为主线,根据荷载、地质特征和七部结构布局,考虑相互作用效应,采取增强与弱化结合,减沉与增沉结合,刚柔并济,局部平衡,整体协调,实现差异沉降、承台(基础)内力和资源消耗的最小化。

1. 变桩长模型试验

中国建筑科学研究院在石家庄进行了大型模型试验比较等桩长布桩和变桩长布桩对沉降的影响。在粉质黏土地基上进行了模拟 20 层框架核心筒结构高层建筑的 1/10 现场模型试验。等桩长试验的桩径 150mm，桩长 2m；变桩长试验的桩径也是 150mm，桩长分别为 2m、3m 和 4m。在总荷载为 3250kN 作用下，按等桩长布桩的承台最大沉降量 6mm，而按不等桩长布桩等承台则为 2.5mm。最大沉降差也由 0.012 减少至 0.005。

表 5-2 分别给出了模型试验实测的内部桩、边桩和角桩的桩顶反力与桩顶平均反力的比值。

表 5-2　模型试验桩顶反力比

试验项目	内部桩	边桩	角桩
等长度布桩试验	76%	140%	115%
变长度布桩试验	105%	93%	92%

2. 核心筒局部增强模型试验

图 5-16 是无桩筏板与采用刚性桩复合地基局部增强的模型实验结果对比，从图 5-16 的（c）和（d）可以看出，在相同的荷载 3250kN 作用下，局部增强的试验最大沉降为 8mm，差异沉降接近于零；而为增强的无桩筏板的外围最大沉降量 10mm，最大差异沉降 0.4%，两者相差很大，说明在天然地基满足沉降要求的情况下，采用局部增强措施，其调平效果比较明显。

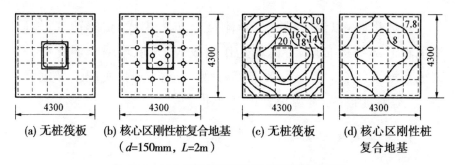

(a) 无桩筏板　(b) 核心区刚性桩复合地基（d=150mm，L=2m）　(c) 无桩筏板　(d) 核心区刚性桩复合地基

图 5-16　核心筒区域增强和无桩筏板模型试验

5.5　桩基抗震设计

5.5.1　作用于承台底面的总荷载

分析建筑物的结构地震反应时，采用近似考虑地基基础与上部结构共同作用的方法，假定上部结构是一个嵌固于基础块体的多质点系统，基础和地基视为作水平向或竖向运动的刚性底盘。具体可采用底部剪力法、振型分解法和时程分析法等来计算上部结构的地震反应。

高度不超过 40m、以剪切变形为主且质量和刚度沿高度分布较均匀的结构，可采用底部剪力法。

1. 水平地震作用计算

采用底部剪力法时，各楼层可仅取一个自由度，结构的水平地震作用标准值，应按下式确定（图 5-17）。

$$F_{Ek} = \alpha_1 G_{eq} \qquad (5-5-1)$$

式中：F_{Ek} 为结构总水平地震作用标准值；α_1 为相应于结构基本自振周期的水平地震影响系数，对多层砌体房屋及底部框架砌体房屋，取水平地震影响系数最大值，见表 5-3；G_{eq} 为结构等效总重力荷载，单质点取总重力荷载代表值，多质点取总重力荷载代表值的 85%。

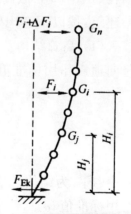

图 5-17　水平地震作用计算

$$F_i = \frac{G_i H_i}{\sum\limits_{j=1}^{n} G_j H_j}(F_{Ek} - \Delta F_n)(i = 1, 2, \cdots, n) \qquad (5-5-2)$$

$$\Delta F_n = \delta F_{Ek} \qquad (5-5-3)$$

式中:F_i 为质点 i 的水平地震作用标准值;H_i、H_j 分别为质点 i、j 的计算高度;G_i、G_j 分别为集中于质点 i、j 的重力荷载代表值;ΔF_n 为顶部附加水平地震作用;δ 为顶部附加地震作用系数。

表 5-3 水平地震影响系数最大值

地震影响	6 度	7 度	8 度	9 度
多遇地震	0.04	0.08(0.12)	0.16(0.24)	0.32
罕遇地震	0.28	0.50(0.72)	0.90(1.20)	1.40

注 括号中数值分别用于设计基本地震加速度为 $0.15g$ 和 $0.30g$ 的地区,g 为重力加速度。

$$M_{Ek} = \Delta F_n(H_n + h) + \sum_{i=1}^{n} F_j(H_i + h) \qquad (5\text{-}5\text{-}4)$$

式中:M_{Ek} 为承台底面的力矩;h 为承台埋深。

2. 竖向地震作用计算

8 度和 9 度时的大跨度结构、长悬臂结构、烟囱和类似高耸结构,9 度时的高层建筑,按以下考虑竖向地震作用。

(1)高耸结构及高层建筑(图 5-18)。竖向地震作用标准值应按下式确定

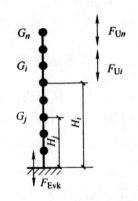

图 5-18 竖向地震作用计算

$$F_{Evk} = \alpha_{vmax} G_{eq} \qquad (5\text{-}5\text{-}5)$$

$$F_{vi} = \frac{G_i H_i}{\sum_{j=1}^{n} G_j H_j} F_{Evk} \qquad (5\text{-}5\text{-}6)$$

式中:F_{Evk} 为结构总竖向地震作用标准值;F_{vi} 为质点 i 的竖向地震作用标准值;α_{vmax} 为竖向地震影响系数的最大值,可取水平地震影响系数最大值的 65%;G_{eq} 为结构等效总重力荷载,可取其重力荷载代表值的 75%。

(2)平板型网架屋盖和跨度大于 24m 的屋架。F_{Evk} 取其重力荷载代表值与竖向地震作用系数(表 5-4)的乘积。

表 5-4　竖向地震作用系数

结构类型	烈度	场 地 类 别		
		Ⅰ	Ⅱ	Ⅲ、Ⅳ
平板型网架、钢屋架	8	可不计算(0.10)	0.08(0.12)	0.10(0.15)
	9	0.15	0.15	0.20
钢筋混凝土屋架	8	0.10(0.15)	0.13(0.19)	0.13(0.19)
	9	0.20	0.25	0.25

注:括号中数值用于设计基本地震加速度为 0.30g 的地区,g 为重力加速度。

（3）长悬臂及其他大跨度结构。8 度和 9 度 F_{Evk} 可分别取其重力荷载代表值的 10% 和 20%。

3. 地震作用效应组合

结构构件的地震作用效应和其他荷载效应的基本组合,应按下式计算

$$S = \gamma_G S_{GE} + \gamma_{Eh} S_{Ehk} + \gamma_{Ev} S_{Evk} + \psi_w \gamma_w S_{wk} \qquad (5\text{-}5\text{-}7)$$

式中:S 为结构构件内力组合的设计值,包括组合的弯矩、轴向力和剪力设计值等;γ_G 为重力荷载分项系数,一般情况应采用 1.2,当重力荷载效应对构件承载能力有利时,不应大于 1.0;γ_{Eh}、γ_{Ev} 分别为水平、竖向地震作用分项系数,应按表 5-5 采用;γ_w 为风荷载分项系数,应采用 1.4;S_{GE} 为重力荷载代表值的效应;S_{Ehk} 为水平地震作用标准值的效应,尚应乘以相应的增大系数或调整系数;S_{Evk} 为竖向地震作用标准值的效应,尚应乘以相应的增大系数或调整系数;S_{wk} 为风荷载标准值的效应;ψ_w 为风荷载组合值系数,一般结构取 0.0,风荷载起控制作用的高层建筑应取 0.2。

桩基荷载计算时应注意:地震作用效应一般考虑水平向,按不同规范,有地震荷载作用效应的标准组合及基本组合;应视具体情况考虑承台(地下室)侧面土抗力及底面土摩擦力的作用。

表 5-5　地震作用分项系数

地震作用	γ_{Eh}	γ_{Ev}
仅计算水平地震作用	1.3	0.0

地 震 作 用	γ_{Eh}	γ_{Ev}
仅计算竖向地震作用	0.0	1.3
同时计算水平与竖向地震作用(水平地震为主)	1.3	0.5
同时计算水平与竖向地震作用(竖向地震为主)	0.5	1.3

(1) 作用于桩基的地震作用效应基本组合采用地震水平作用效应与其他荷载效应的基本组合设计值,各种作用及其分项系数取值如下:水平地震作用分项系数 1.3;上部结构重力荷载分项系数 1.2;承台(基础)自重及其上土重的分项系数 1.0;当需要考虑风荷载时,风荷载分项系数 1.4;(风荷载组合值系数 $\psi_w=0.2$)。

(2) 作用于桩基的地震作用效应标准组合采用地震水平作用效应与其他荷载效应的标准组合:水平地震作用;上部结构重力荷载;承台(基础)自重及其上土重;需要考虑风荷载时,风荷载组合值系数 $\psi_w=0.2$。

需注意,实际应用时不同规范有不同的规定。例如,《建筑抗震设计规范》规定在验算桩基承载力时,取基桩抗震承载力特征值(基桩承载力特征值乘以 1.25),荷载的计算采用地震作用效应标准组合(即各作用分项系数均取 1.0 的组合);在验算构件结构截面强度时,荷载应取地震作用效应基本组合,相应抗力取构件的抗震承载力设计值(构件的承载力设计值除以承载力抗震调整系数 γ_{RE})。

在上海市《地基基础设计规范》中,无论是基桩承载力验算还是桩基结构验算,都是取地震作用效应基本组合,相应抗力取设计值。但验算基桩承载力时,荷载基本组合时的分项系数为 1.0。

4. 近似考虑承台-桩-土的共同作用

结构(包括承台或地下室)地震作用的计算结果,假设全部传至桩顶,这是最保守的做法。为近似考虑承台-桩-土的共同作用,各类规范有不同的规定,主要如下。

(1) 水平地震荷载可扣除承台(地下室)正侧面被动土压力的

三分之一(按朗肯理论计算)。这项反力的发挥有赖于承台(地下室)侧面与土的紧密接触,即要求填土分层夯实、混凝土原地浇筑和地下室外墙与基坑围护结构有可靠连接等。

(2) 有一些规范,在水平荷载中扣除承台底面摩阻力。对于承台底面下土体由于静力固结或震动沉陷等原因而有可能与承台底面脱开,则不能考虑此项分担作用。

(3) 有的地区性规范凭经验规定承台底面土可分担 10%～20%的竖向荷载。

5.5.2　水平荷载作用下的桩基计算

1. 桩身内力计算(桩顶弹性嵌固情况)

在实际应用中,建筑桩基桩顶一般都与刚性较大的低承台或地下室底板相连接,桩顶不能转动,可视为弹性嵌固(转角 $\varphi_0 = 0$,但水平位移不受约束)。因而在单桩桩顶可增加一个转角为 0 的约束条件,则有

$$\varphi_{z=0} = \frac{H_0}{\alpha^2 EI} A_{\varphi_z=0} + \frac{M_0}{\alpha EI} B_{\varphi_z=0} = 0 \tag{5-5-8}$$

$$\frac{\alpha M_0}{H_0} = -\frac{A_{\varphi_z=0}}{B_{\varphi_z=0}} = 0.926 \tag{5-5-9}$$

则桩顶弹性嵌固时不同深度处桩身截面的位移和内力计算公式为

$$y_z = (A_y - 0.926 B_y) \frac{H_0}{\alpha^3 EI} = \beta_y \frac{H_0}{\alpha^3 EI} \tag{5-5-10}$$

$$M_z = (A_m - 0.926 B_m) \frac{H_0}{\alpha} = \beta_m \frac{H_0}{\alpha} \tag{5-5-11}$$

$$Q_z = (A_H - 0.926 B_H) H_0 = \beta_H H_0 \tag{5-5-12}$$

式中:β_y、β_m、β_H 分别为水平位移系数、弯矩系数和剪力系数,可根据 A_y、β_y、A_m、β_m、A_H、β_H 等系数的有关值进行计算,也可直接查表 5-6。由 β 系数表 5-6 可知,弹性嵌固时,桩身最大内力及挠度

位于桩顶。

表 5-6　桩顶弹性嵌固情况时弹性长桩的位移和内力计算系数

αz	0.0	0.1	0.2	0.3	0.4	0.5	0.6
β_y	0.9403	0.9357	0.9228	0.9027	0.8763	0.8446	0.8087
β_m	-0.9258	-0.8258	-0.7269	-0.6302	-0.5358	-0.4447	-0.3588
β_H	1.0000	0.9953	0.9815	0.9589	0.9280	0.8896	0.8445
αz	0.7	0.8	0.9	1.0	1.2	1.4	1.6
β_y	0.7684	0.7268	0.6820	0.6358	0.5432	0.4520	0.3658
β_m	-0.2764	-0.1993	-0.1294	-0.0648	-0.0454	-0.1290	-0.1870
β_H	0.7938	0.7383	0.6791	0.6173	0.4895	0.3628	0.2432
αz	1.8	2.0	2.4	3.0	4.0		
β_y	0.2873	0.2174	0.1056	0.0010	-0.0941		
β_m	0.2229	0.2371	0.2187	0.1226	0		
β_H	0.1538	0.0440	-0.0863	-0.1528	0.0386		

2. 桩顶内力的计算(桩顶弹性嵌固情况)

若已知承台底面总荷载(地震作用效应组合值)为 N、M、H，当各桩材料尺寸相同时，各桩桩顶荷载(P_0、H_0、M_0)的计算可简化如下：

$$P_{0i} = \frac{N}{n} \pm \frac{M_x y_i}{\sum y_j^2} \pm \frac{M_y x_i}{\sum x_j^2} \qquad (5\text{-}5\text{-}13)$$

$$H_0 = \frac{H}{n} \qquad (5\text{-}5\text{-}14)$$

$$M_0 = \beta_m \frac{H_0}{\alpha} = 0.926 \frac{H_0}{\alpha} \qquad (5\text{-}5\text{-}15)$$

5.5.3　基桩抗震承载力的确定

1. 非液化土中的低承台桩基

(1) 单桩的竖向和水平向抗震承载力特征值。单桩的竖向和水平向抗震承载力特征值均比非抗震设计时提高 25%，即

$$R_E = 1.25R_a \qquad (5\text{-}5\text{-}16)$$

式中：R_E 为单桩抗震承载力特征值（kN）；R_a 为单桩承载力特征值（kN）。

（2）基桩竖向抗震承载力特征值。考虑承台效应的复合基桩竖向抗震承载力特征值可按下式计算

$$R_{vE} = 1.25R_v \qquad (5\text{-}5\text{-}17)$$

式中：R_{vE} 为基桩竖向抗震承载力特征值（kN）；R_v 为基桩竖向承载力特征值（kN）可按下式计算

$$R_v = R_a + \frac{\xi_a}{1.25}\eta_c f_{ak}A_c \qquad (5\text{-}5\text{-}18)$$

$$A_c = (A - nA_{ps})/n \qquad (5\text{-}5\text{-}19)$$

式中：R_a 为单桩承载力特征值（kN）；η_c 为承台效应系数；f_{ak} 为承台下 1/2 承台宽度且不超过 5m 深度范围内各层土的地基承载力特征值按厚度加权的平均值；A_c 为计算基桩所对应的承台底净面积；A_{ps} 为桩身截面面积；A 为承台计算域面积。对于柱下独立桩基，A 为承台总面积；对于桩筏基础 A 为柱、墙筏板的 1/2 跨距和悬臂边 2.5 倍筏板厚度所围成的面积；桩集中布置于单片墙下的桩筏基础，取墙两边各 1/2 跨距围成的面积，按条基计算 η_c；ξ_a 为地基抗震承载力调整系数。

当承台底为可液化土、湿陷性土、高灵敏度软土、欠固结土、新填土时，沉桩引起超孔隙水压力和土体隆起时，不考虑承台效应，取 $\eta_c = 0$。

（3）基桩水平抗震承载力特征值。考虑群桩效应的复合基桩水平抗震承载力特征值按下式确定

$$R_{hE} = 1.25R_h \qquad (5\text{-}5\text{-}20)$$

式中：R_{hE} 为基桩水平抗震承载力特征值（kN）；R_h 为基桩水平承载力特征值（kN）。

群桩基础（不含水平力垂直于单排桩基纵向轴线和力矩较大的情况）的基桩水平承载力特征值应考虑由承台、桩群、土相互作用产生的群桩效应，可按下式确定

$$R_h = \eta_h R_{ha} \qquad (5\text{-}5\text{-}21)$$

式中：η_h 为群桩效应综合系数；R_{ha} 为单桩水平承载力特征值（kN）。

《建筑抗震设计规范》(GB 50011—2010)中指出,当承台周围的回填土夯实至干密度不小于《建筑地基基础设计规范》(GB 50007—2011)对填土的要求时,可由承台正面填土与桩共同承担水平地震作用;但不应计入承台底面与地基土间的摩擦力。

2. 存在液化土层的低承台桩基

(1)承台埋深较浅时,不宜计入承台周围土的抗力或刚性地坪对水平地震作用的分担作用。

(2)当桩承台底面上、下分别有厚度不小于1.5m、1.0m的非液化土层或非软弱土层时,可按下列两种情况进行桩的抗震验算,并按不利情况设计。

1)桩承受全部地震作用时,桩的抗震承载力比非液化情况提高25%,但液化土的桩周摩阻力及桩水平抗力均应乘以土层液化影响折减系数(表5-7)。

表5-7　土层液化影响折减系数

实际标贯锤击数/临界标贯锤击数	深度 d_s/m	折减系数
≤0.6	$d_s \leqslant 10$	0
	$10 < d_s \leqslant 20$	1/3
>0.6~0.8	$d_s \leqslant 10$	1/3
	$10 < d_s \leqslant 20$	2/3
>0.8~1.0	$d_s \leqslant 10$	2/3
	$10 < d_s \leqslant 20$	1

2)地震作用按水平地震影响系数最大值的10%采用,桩的抗震承载力计算方法也比非液化情况提高25%,但此时应扣除液化土层的全部摩阻力及桩承台下2m深度范围内非液化土的桩周摩阻力。

(3)打入式预制桩及其他挤土桩,当平均桩距为2.5~4倍桩径且桩数不少于5×5时,可计入打桩对土的加密作用及桩身对液化土变形限制的有利影响。当打桩后桩间土的标准贯入锤击数值达到不液化的要求时，单桩承载力可不折减，但对桩尖持力层作强度校核时，桩群外侧的应力扩散角应取为零。

打桩后桩间土的标准贯入锤击数宜由试验确定，也可按下式计算

$$N_1 = N_p + 100\rho(1 - e^{-0.3N_p}) \tag{5-5-22}$$

式中：N_1 为打桩后的标准贯入锤击数；ρ 为打入式预制桩的面积置换率；N_p 为打桩前的标准贯入锤击数。

5.5.4　桩基抗震设计验算的一般方法

1. 基桩抗震承载力验算（基桩桩顶荷载效应验算）

（1）基桩桩顶荷载计算，其计算公式为

$$P = \frac{F + G}{n} \tag{5-5-23}$$

$$P_{\min}^{\max} = \frac{F + G}{n} \pm \frac{M_x y_{\max}}{\sum y_j^2} \pm \frac{M_y x_{\max}}{\sum x_j^2} \tag{5-5-24}$$

$$H_0 = \frac{H}{n} \tag{5-5-25}$$

（2）基桩抗震承载力验算。考虑地震作用组合的基桩承载力验算应符合下列要求

$$P \leqslant R_{vE}, \ P_{\max} \leqslant 1.2R_{vE}, \ P_{\min} \geqslant 0 \tag{5-5-26}$$

$$H_0 \leqslant R_{vE} \tag{5-5-27}$$

2. 桩身截面承载力验算

（1）桩身最大内力计算。当桩顶为弹性嵌固情况时，桩顶力的关系见式（5-5-9）。在桩顶力作用下，桩身剪力和弯矩可按 m 法计算得出，见式（5-5-11）及式（5-5-12）。对于桩顶嵌固、$\alpha h > 4.0$ 的情况，桩身最大剪力和弯矩均发生在桩顶截面，由式（5-5-11）和式（5-5-12）有

$$M_0 = \beta_m \frac{H_0}{\alpha} = 0.926 \frac{H_0}{\alpha} (桩顶 \beta_m = 0.926)$$

$$Q_0 = \beta_H H_0 = H_0 (桩顶 \beta_H = 1)$$

（2）桩身截面应力验算。在桩顶截面应力验算时，在轴力 P、剪力 Q_0 和弯矩 M_0 作用下，桩身正截面和斜截面承载力分别按偏心受压构件和受弯构件进行验算。具体是：取 P_{max}、M_0 进行正截面抗弯压验算；取 P_{min}、M_0 进行斜截面抗剪验算。

5.5.5　桩基抗震的构造要求

1. 非液化地基上的桩基

（1）预制桩。

1）混凝土强度等级不应低于 C30，预应力混凝土的预制桩中混凝土的强度等级不低于 C40、承台不低于 C25，有地下水时不低于 C30。

2）混凝土桩纵向钢筋配筋率：锤击时不宜小于 0.8%，静压时不宜小于 0.6%，主筋直径不宜小于 ϕ14。

3）打入式桩桩顶 $4d \sim 5d$ 范围内箍筋应加密，间距不大于 100mm，直径 $\geqslant \phi$6，并应设置钢筋网片，由于挤土效应，当地基土存在截桩可能性时，应适当调整箍筋加密范围。

4）桩的拼接：6 度、7 度时可采用硫黄胶泥接头，8 度、9 度时应采用钢板焊接接头，在接头上下 600mm 范围内箍筋应按桩顶要求加密。

（2）灌注桩 。

1）混凝土强度等级不应低于 C25。

2）纵向钢筋配筋率可取 0.65% $\sim$ 0.2%（小桩应取高值，大桩应取低值），对于受水平荷载较大的桩，抗拔桩和嵌岩端承桩宜按计算确定，且不小于上述规定。

3）纵向钢筋长度：对于摩擦型桩，配筋长度不应小于 2/3 桩长，并不小于 $4/\alpha$（对于硬土一般取 7～10 倍桩径，中硬土 10～15

倍桩径,软土 15～20 倍桩径,其中小桩径取大值,大桩径取小值,另加 35d 的锚固长度)。当遇下列情况之一时应通长配筋。

- 当桩长小于 $4/\alpha$ 时。
- 有抗滑、抗拔要求时。
- 端承桩。
- 直径不小于 $\phi800$ 的桩,在承台底面 $4/\alpha$ 以下,纵向配筋可减少 50% 伸至桩底,但不少于 8 根。

4)箍筋应采用直径为 $\phi6～\phi10$、间距 200～300mm 的螺旋式箍筋,桩顶 3d 范围内箍筋间距不大于 100mm,当钢筋笼长度超过 4m 时,应每隔 2m 左右设一道直径为 $\phi12～\phi18$ 的焊接加劲箍筋。

(3)桩与承台的连接构造。

1)大直径桩顶嵌入承台内不小于 100mm,中小直径桩不小于 50mm。

2)桩的纵向钢筋锚入承台不宜小于 35 倍纵向主筋直径,对于抗拔桩,桩顶主筋的锚固长度按《混凝土结构设计规范》(GB 50010—2002)确定。

3)对于直径不小于 $\phi800$ 的灌注桩,当采用一柱一桩时,可设置柱帽或将桩与柱直接连接。

(4)柱与承台的连接构造。

1)当柱的抗震等级为一、二级时,锚固长度不小于 41d,抗震等级为三、四级时,锚固长度不小于 37d。

2)承台和地下室侧墙周围的回填土应采用灰土,配砂石、压实性较好的素土分层夯实,轻型击实系数不宜小于 0.94,或采用混凝土灌注。

2. 液化地基上的桩基

(1)预制桩的接头位置应避开液化土层界面。

(2)灌注桩纵向钢筋长度应穿过可液化土层或软弱土层,进入稳定土层的深度应按计算确定,对于碎石土、砾,粗、中砂,密实粉土,坚硬黏性土不应小于 $3\sim5d$。

（3）箍筋除在桩顶 $5d$ 范围内加密外,液化土层范围内箍筋应加密,并延深至稳定土层面以下 $3d$ 范围。

（4）当承台底面标高上下存在液化土层或软弱土层时,或桩基水平载力不满足计算要求时,可将承台每侧 1/2 承台边长范围的土进行加固,处理深度不浅于承台下 2m。

（5）液化地基中不设一柱一桩承台。

（6）当不能进行地基抗液化处理时,应将承台作为质点,按高承台桩基进行抗震验算。

3. 基础连系梁

（1）设置条件。

1）有抗滑移要求或严重不均匀地基上的桩基。

2）7～9 度时,承台下存在未经处理的液化土、软土或新近填土时的桩基。

3）非液化土中单桩或单排桩基。

（2）连系梁的布置。

1）一般情况下应双向布置。

2）单层厂房一般可仅沿纵向柱列布置,另一方向桩数不应小于 2 根,当只能设单桩或单排桩时,桩截面刚度应大于柱截面刚度 16 倍。

3）采用单排桩的条形承台,横向基础系梁每隔 2～3 个柱距设置一道。

（3）连系梁的设计。

1）混凝土强度等级宜与承台相同。

2）基础系梁截面高度可取承台中心距 1/15～1/10,且不应小于 400mm,梁截面宽度不应小于 250mm,且不应小于截面高度的 1/2。

3）梁顶宜与承台顶面位于同一标高。

4）梁内纵向钢筋应由计算确定,基础系梁承受的轴向力设计值可取承台竖向压力设计值的 1/10，承载力抗震调整系数应取 0.85。

5）单层厂房柱间支撑下的桩基承台抗滑承载力不满足要求需通过基础系梁将水平剪力传递给相邻桩基时，基础系梁承受的轴向力不应小于下柱柱间支承水平剪力设计值的 1/4。

6）采用基础梁代替基础系梁时，基础梁应采用现浇或装配整体式接头。

7）基础系梁的纵向钢筋应通长配置。

第6章 桩基施工

桩基础属于较为特殊的深基础,其处于地下较深的位置,是一种较为隐蔽的工程。另外,桩基工程的施工方法影响着其结构类型与传力特点,还对其承载性状有着较大的影响。因此,研究桩基础的施工是桩基工程的一项重要内容。

6.1 桩基施工方法及工艺

按施工方法可将桩分为预制桩和灌注桩两大类。预制桩是在工厂或施工现场预制桩体,然后运至桩位处,再经锤击、振动、静压等方式沉桩就位;灌注桩是直接在所设计桩位处成孔,然后在孔内下放钢筋笼及浇灌混凝土而成。

6.1.1 预制桩的施工

目前预制桩常用的桩型是钢筋混凝土预制方桩、预应力钢筋混凝土管桩、钢管桩及 H 型钢桩。

1. 混凝土预制方桩的制作及接桩

混凝土预制桩可在工厂或施工现场预制,图 6-1 为预制混凝土方桩构造示意图,工厂预制利用成组拉模生产,用不小于桩截面高度的槽钢安装在一起组成。现场重叠法的制桩程序如下:制作场地压实整平→场地地坪浇筑混凝土→支模→绑扎钢筋骨架、

安装吊环→灌筑混凝土→养护至 30% 强度拆模→支间隔头模板、
刷隔离剂→绑钢筋、灌注间隔桩混凝土→养护至 30% 强度拆模→
再支上层模,同法间隔制桩→养护至 70% 强度起吊→达 100% 强
度后运输、堆放。

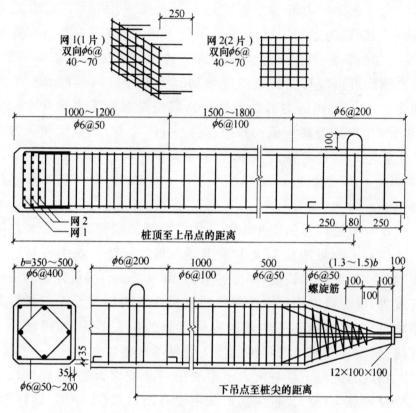

图 6-1 预制混凝土方桩构造示意图[①]

当桩的设计长度较大时,受运输条件和打(压)桩架高度的限
制,一般应分成数节制作,分节打(压)入,在沉桩现场接桩。混凝
土预制桩的接桩方法可采用焊接、法兰接、硫黄胶泥锚接及机械
快速连接(如螺纹式、啮合式)。

---

① 姚笑青. 桩基设计与计算[M]. 北京:机械工业出版社,2014.

2. 预应力混凝土管桩的制作及接桩

按施加预应力工艺的不同,预应力混凝土管桩的制作分为先张法和后张法,目前国内普遍采用的是先张法。

先张法预应力混凝土管桩是采用先张法预应力工艺和离心成型法,制成的空心圆柱形细长混凝土预制构件,主要由圆筒形桩身、端头板和钢套箍等组成。管桩的预应力施加于轴向钢筋,并由螺旋形钢箍与主筋点焊成钢筋笼。未经高压蒸汽养护生产的为 PC 管桩(预应力混凝土管桩),其桩身混凝土强度为 C60～C80;如生产中经高压蒸汽养护,则为 PHC 管桩(高强度预应力混凝土管桩),其桩身混凝土强度等级大于 C80。建筑工程中常用的 PHC、PC 管桩的外径一般为 300～1000mm,每节长一般不超过 15m。

每一节桩两端的端头板既是预应力筋的锚板,也是管节之间的连接板。管桩的接头大多采用端头板焊接法。端头板是管桩顶端的一块圆环形铁板,厚度一般为 18～22mm,端板外缘一周留有坡口,供焊接时用。由于焊接质量易受人为因素及天气条件等影响,近年来研制了一些新的安全可靠的接头形式,如机械啮合连接、螺纹连接等。每根桩的接头数量不宜超过 3 个。

预应力混凝土管桩沉入土中的第一节桩称为底桩,底桩端部都要设置桩尖(靴)。桩尖的形式主要有闭口式(十字形、圆锥形)和开口式。开口式桩尖的管桩沉桩后,桩身下部的内腔会被土体充填,可减小挤土作用。

3. 钢管桩及 H 型钢桩的制作与接桩

常用钢管桩大多是由厂家生产的螺旋焊接管,材料一般为 Q235。也有非大批量生成的钢管桩是用平板卷制成钢管单元,然后再用焊接成 10～15m 一节的成品钢管桩。H 型钢桩一般均由专业工厂轧制,规格相对固定。

用于地下水有侵蚀性的地区或腐蚀性土层的钢桩应按设计

要求作防腐处理。

钢管桩及 H 型钢桩的接桩方法都为焊接式,只要确保焊接所需的外界条件(气候、环境),一般都能保证质量,特别需重视的是焊缝长度应予保证。

4. 预制桩的沉桩方法

预制桩的沉桩有锤击法、静压法、振动法、射水法以及预钻孔沉桩等施工方法。

(1)锤击法。锤击法是最常用的预制桩沉桩方法,利用蒸汽锤、柴油锤等的冲击能量克服土对桩的阻力,使桩沉到预定的深度或达到持力层。

(2)静压法。静压法是借助专用桩架的自重和配重或结构物自重,通过滑车换向把桩压入土中。这是一种利用静压作用的沉桩方法,具有无噪声、无振动、无冲击力、施工应力小等特点。该法适用于较均质的软土地基,在砂土及其他坚硬土层中,由于压桩阻力过大而不宜采用。目前国内压桩设备的静压力可达 8000kN。

(3)振动法。振动法沉桩的主要设备是一个大功率的电力振动器(振动打桩机)和一些附属起吊机械设备。沉桩时,把振动打桩机安装在桩顶上,利用振动力来减少土对桩的阻力使桩能较快沉入土中。这种方法一般用于沉、拔钢板桩和钢管桩效果很好,尤其是在砂土中效率最高。对黏土地基则需要大功率振动器。

(4)射水法。射水沉桩是锤击法或振动法的一种辅助方法,利用高压水流经过依附于桩侧面或空心桩内部的射水管,冲松桩尖附近的土层,以减少桩下沉时的阻力,使桩在自重或锤击作用下沉入土中。此法一般用于砂土层中效率很高,或在锤击法遇砂卵石层受阻打不穿时,可辅以射水法穿过,当桩尖沉到距设计标高 1.0～1.5m 时,应停止射水,而用锤击法将桩沉到设计标高。

（5）预钻孔沉桩法。当桩较长、截面尺寸较大，深部土层较坚硬，且在缺乏大能量桩锤时，预制桩常难以顺利沉达预定深度。预钻孔沉桩法是先用钻机在桩位上打钻孔，孔径略小于桩径，孔深可距桩尖设计标高1～2m（一般钻孔取土深度为 8～10m，过浅作用不大，过深对桩的承载力影响较大）。成孔后，在预钻孔位上沉桩，可大大减小沉桩阻力。预钻孔沉桩的单桩承载力略低于常规锤击沉桩的单桩承载力，但能使桩较顺利地穿过一定厚度的硬土层而到达下部更坚硬土层，减小桩基的沉降量。

5. 沉桩深度

预制桩沉桩深度一般应根据地质资料及结构设计要求估算。施工时以最后贯入度和桩尖设计标高两方面控制。最后贯入度是指最后一击桩的入土深度，通常取最后一阵的平均贯入度。一般要求最后两阵的平均贯入度为 10～50mm。

6. 沉桩对周围环境的挤土影响及防控措施

沉桩过程是一个挤土过程，使得土体产生隆起和水平向挤压，引起相邻建筑物和市政设施的不均匀变形以致损坏。对于各类沉桩方法而言，锤击法和静压法沉桩的挤土效应最大；对桩型而言，混凝土预制方桩和闭口管桩的挤土效应最大，开口钢管桩和混凝土管桩次之。对地基条件而言，软土地基上施工密集的实心桩将产生较高的孔隙水压力，挤土效应较严重。

沉桩施工挤土效应对周围环境的影响，在距密集群桩边缘一倍桩长的范围内影响比较明显。为减小沉桩对周围管线及建筑物的影响，通常采取如下措施。

（1）选择合理的沉桩路线和控制沉桩速度。周围结构物距离施工场地较近时，沉桩顺序应背离保护对象由近向远处沉桩；在场地空旷的条件下，宜采取先中央后四周、由里及外的顺序沉桩。

（2）设置竖向排水通道，如塑料排水板、袋装砂井等，以便及时排水，使软土中的超孔隙水压力得以迅速消散。

（3）在桩位处预先钻孔取土（孔深 8～10m），然后再沉桩，以减少挤土量。

（4）在沉桩区外开挖防挤沟，以消减从沉桩区传向被保护建筑及管线的挤土压力。

6.1.2　灌注桩的施工

灌注桩是直接在所设计桩位处成孔，然后在孔内下放钢筋笼（也有直接插筋或省去钢筋的）再浇灌混凝土而成。按成孔方法不同，灌注桩通常有钻孔灌注桩、沉管灌注桩以及人工挖孔桩等类型。

1. 钻（冲）孔灌注桩

钻（冲）孔灌注桩是指用钻机钻土成孔，然后清除孔底残渣，安放钢筋笼，最后浇灌混凝土从而成桩。

图 6-2 为钻孔灌注桩的构造示意图，其施工程序如图 6-3 所示，主要分三大步：成孔、沉放钢筋笼、导管法浇灌水下混凝土成桩。钻孔桩采用钻头回转钻进成孔，同时采用具有一定重度和黏度的泥浆进行护壁，通过泥浆不断地正循环或反循环，完成将钻渣携运出孔的任务；回转钻进对于卵砾石层、漂石、孤石和硬基岩较为困难，一般用冲击钻头先进行破碎，然后捞渣出孔。

这种成孔工艺可穿过任何类型的地层，桩长可达 100m，桩端不仅可进入微风化基岩而且可扩底，常用直径为 600mm 和 800mm，较大的可做到 2000mm 以上的大直径桩，单桩承载力和横向刚度比预制桩大大提高；而且该种桩型施工过程中无挤土、无（少）振动、无（低）噪声，环境影响较小，因此在桥梁工程、城市建设等各工程领域中得到越来越广泛的运用。

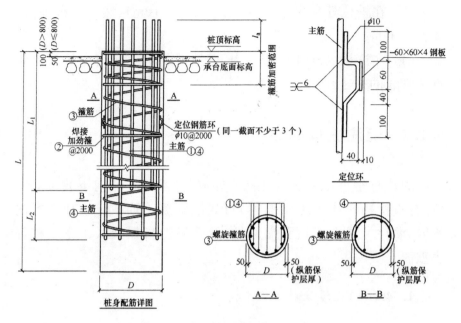

图 6-2　钻孔灌注桩的构造示意图

注:图中 l_a 表示桩主筋锚入承台内的锚固长度,承压桩不小于钢筋直径的 35 倍,抗拔桩不小于钢筋直径的 40 倍。

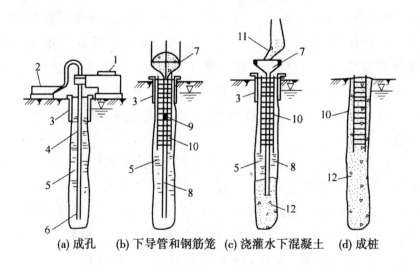

(a) 成孔　(b) 下导管和钢筋笼　(c) 浇灌水下混凝土　(d) 成桩

图 6-3　钻(冲)孔灌注桩施工程序示意图

1—钻机;2—泥浆泵或高压水泵;3—护筒;4—钻杆;5—泥浆;
6—钻头;7—料斗;8—导管;9—隔水栓;10—钢筋笼;11—混凝土输送装置;12—混凝土

2. 沉管灌注桩

沉管灌注桩是利用锤击打桩设备或振动沉桩设备,将带活瓣桩尖的钢套管(沉管时桩尖闭合,拔管时活瓣张开以便浇灌混凝土)或桩位安放钢筋混凝土预制桩尖的钢套管沉入土中成孔,然后放入钢筋笼,并边浇灌混凝土边用卷扬机拔出钢套管而成桩。

沉管灌注桩按施工工艺的不同有以下几种类型。

(1)锤击沉管灌注桩。锤击沉管灌注桩的施工应根据土质情况和荷载要求,分别选用单打法、复打法、反插法。锤击沉管灌注桩的施工过程可综合为:安放桩靴→桩机就位→校正垂直度→锤击沉管至要求的贯入度或标高→测量孔深并检查桩靴是否卡住桩管→下钢筋笼→灌注混凝土→边锤击边拔出钢管。工艺过程见图6-4。

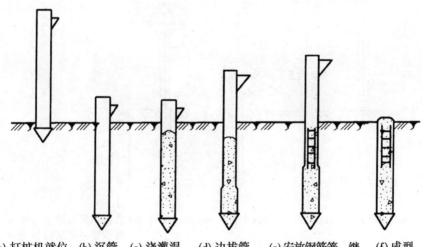

(a)打桩机就位　(b)沉管　(c)浇灌混凝土　(d)边拔管,边振动　(e)安放钢筋笼,继续浇灌混凝土　(f)成型

图6-4　锤击沉管灌注桩的施工程序示意图

采用普通锤击打桩机施工,桩径一般为300～500mm,桩长受桩架高度限制。适用于黏性土及稍密的砂土,不宜用于标准贯入击数大于12的砂土和击数大于15的黏性土及碎石土。其优点是设备简单、操作方便、沉桩速度快、成本低,但由于在灌注混凝

土过程中没有振动,所以容易产生桩身缩颈(桩身截面局部缩小)、断桩、局部夹土、混凝土离析及强度不足等质量事故,特别是在厚度较大、含水量和灵敏度高的软土层中使用时更易出问题。

(2)振动沉管灌注桩。振动沉管施工法是在振动锤竖直方向反复振动作用下,桩管也以一定的频率和振幅产生竖向往复振动,以减少桩管与周围土体的摩阻力。与此同时,桩管受加压作用而沉入土中,在达到设计要求深度后,边拔管、边振动、边灌注混凝土、边成桩。

这种沉桩方法的施工程序,可总结如下:桩机就位→振动沉管→灌注混凝土→安放钢筋笼→拔管、灌注混凝土→成桩。施工程序见图6-5。

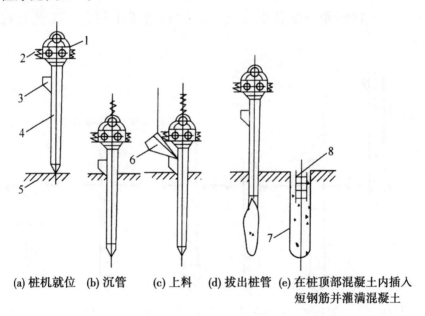

(a) 桩机就位　(b) 沉管　(c) 上料　(d) 拔出桩管　(e) 在桩顶部混凝土内插入短钢筋并灌满混凝土

图6-5　振动沉管灌注桩施工程序

1—振动锤;2—加压减振弹簧;3—加料口;4—桩管;

5—活瓣桩尖;6—上料斗;7—混凝土桩;8—短钢筋骨架

利用振动桩锤将桩管沉入土中,然后灌注混凝土而成桩,它是目前常用的沉管灌注桩施工方式,桩径一般为 $400\sim500\,\mathrm{mm}$。常用振动锤的振动力为 $70\,\mathrm{kN}$、$100\,\mathrm{kN}$ 和 $160\,\mathrm{kN}$。与锤击沉管灌注桩相比,振动沉管灌注桩在黏性土中的沉管穿透能力稍差,承载力也较低。

（3）内击式沉管灌注桩(也称弗朗基桩 Franki Pile)。施工时先在竖起的钢套管内放进约 1m 高的混凝土或碎石,用吊锤在套管内锤打,形成"塞头"。以后锤击时,塞头带动套管下沉,至设计标高后,吊住套管,浇灌混凝土并继续锤击,使塞头脱出管口,可形成直径达桩身直径 2～3 倍的扩大桩端。当桩端不再扩大而使套管上升时,吊放钢筋笼,并开始浇灌桩身混凝土,同时边拔套管边锤击,直到所需高度为止。其优点是混凝土密实且与土层紧密接触,同时桩头扩大,承载力较高,效果较好,但穿越厚砂层的能力较低,打入深度难以掌握。

（4）夯扩沉管灌注桩。夯扩沉管灌注桩是在锤击沉管灌注桩的机械设备与施工方法的基础上增加一根内夯管,并按照一定的施工工序锤击内夯管,将桩端现浇混凝土夯扩成大头。内夯管比外夯管短 100mm,内夯管底端可采用闭口平底或闭口锥底。该桩型通过扩大桩端截面积和挤密地基土,使桩端土的承载力有较大幅度的提高,同时桩身混凝土在柴油锤和内夯管的压力作用下成型,避免了"缩颈"现象,使桩身质量得以保证。

3. 挖孔灌注桩

挖孔灌注桩是采用人工或机械挖掘成孔,在向下掘进的同时,设孔壁衬砌以保证施工安全,达到所需深度并清理完孔底后,安装钢筋笼及浇灌混凝土成桩。

挖孔桩一般内径应大于 800mm,开挖直径大于 1000mm,护壁厚度大于 100mm,分节支护,每节高 500～1000mm,可用混凝土浇筑或砖砌筑,桩身长度宜限制在 40m 以内。

挖孔桩的优点是可直接观察地层情况,孔底易清除干净,设备简单,噪声小,场区内各桩可同时施工,且桩径大、适应性强,比较经济。但由于挖孔时可能存在塌方、缺氧、有害气体、触电等危险,易造成安全事故,故挖孔桩挖深有限,且最忌在含水砂层中开挖,主要适用于场地土层条件较好,在地表下不深的位置有硬持力层,而且上部覆土透水性较低或地下水位较低的条件。

6.1.3 灌注桩的新工艺及新桩型

随着工程建设的蓬勃发展,桩基施工中的新桩型及新工艺也不断涌现,相应的设计方法也随之被提出。下面简单介绍灌注桩的后注浆工艺及挤扩支盘桩的施工方法,有关设计计算可参考相关文献及规范。

1. 灌注桩的后注浆工艺

为提高钻孔灌注桩的竖向承载力,后注浆法就是较常用且有效的一种措施。所谓灌注桩后注浆,就是在灌注桩成桩后一定时间,通过预设于桩身内的注浆导管及与之相连的桩端、桩侧注浆阀,注入水泥浆,使桩端、桩侧土体(包括沉渣和泥皮)得到加固,从而提高单桩承载力,减小沉降。

以桩端后注浆工艺为例,利用预先埋设于桩体内的注浆系统,通过高压注浆泵将高压浆液压入桩底,浆液克服土粒之间抗渗阻力,不断渗入桩底沉渣及桩底周围土体孔隙中,排走孔隙中的水,充填于孔隙中。由于浆液的充填胶结作用,在桩底形成一个扩大头。另一方面,随着注浆压力及注浆量的增加,一部分浆液克服桩侧摩阻力及上覆土压力沿桩土界面不断向上泛浆,高压浆液破坏泥皮,渗入(挤入)桩侧土体,使桩周松动(软化)的土体得到挤密加强。浆液不断向上运动,上覆土压力不断减小,当浆液向上传递的反力大于桩侧摩阻力及上覆土压力时,浆液将以管状流溢出地面(图6-6)。

有关资料表明,桩端注浆的单桩竖向极限承载力可提高30%~60%;桩侧、桩端同时注浆,单桩竖向极限承载力提高幅度更大,可达到85%。另外,桩底进入砂层越深,后注浆后单桩竖向承载力提高幅度越大。

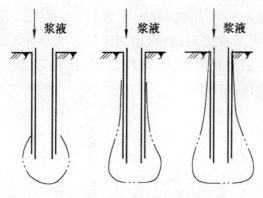

图 6-6　桩底后注浆效应示意图

2. 挤扩支盘桩

挤扩支盘桩是在原有等截面钻孔灌注桩的基础上发展而成的,采用施工机具钻(冲)孔后,接着采用专用的液压挤扩设备,根据地质的实际构造,在适宜土层中挤扩出承力盘及其分支。经挤密处理的周围土体和空腔内的混凝土会与桩身紧密地结合为一体,从而得到挤扩支盘桩(图 6-7),与桩土一起发挥承载的作用。挤扩支盘桩的承力盘盘径较大,其支盘面积为桩身截面的 1.6～2.4 倍,若在地基土中多设几个支盘,则各支盘面积的总和可达桩身截面的 5～7 倍以上。挤扩支盘桩的桩径、承力盘直径、盘与盘的间距见表 6-1。

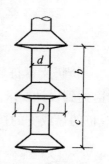

图 6-7　挤扩支盘桩示意

表 6-1　桩径、承力盘直径、盘与盘最小间距

桩径 d/mm	400	600	800	1000
承力盘桩径 D/mm	980	1600	2000	2500
土质	砂土	粉土	黏土	其他土
承力盘最小间距 b/mm	≥3D	≥2.5D	≥2.0D	≥2.5D

相对普通灌注桩来说,挤扩支盘桩的桩身结构发生了根本改变,大大提高了桩的承载力,桩的沉降明显减少,所以在整个桩基

设计中可以缩小桩径,减少桩的数量、缩短桩长。技术经济效果显著,并可大大节省工程造价,缩短工期。

挤扩支盘成型机由主机、液压油缸、接长管、液压站和高压胶管5部分组成(图6-8)。

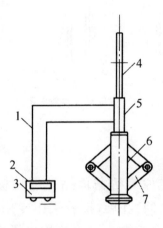

图6-8 挤扩支盘成型机示意图

1—液压胶管;2—液压站;3—高压流量计;

4—接长管;5—液压缸;6—主机;7—三岔挤扩弓压臂

挤扩支盘桩施工可采用钻孔成孔,也可采用冲击、振动沉管成孔,达到设计要求的深度,并将孔底清理干净后,调入支盘成型机,完成桩的盘或支的挤扩成型。施工工序示意图如图6-9所示。

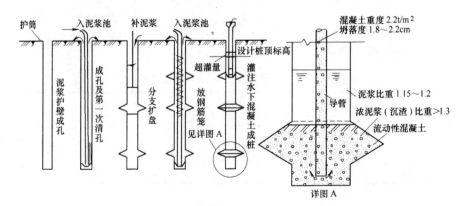

图6-9 挤扩支盘桩施工工艺示意图

6.2 混凝土灌注桩施工

6.2.1 灌注桩成孔方法

灌注桩的成孔方法分为泥浆护壁成孔灌注桩、干作业成孔灌注桩、套管成孔灌注桩和爆扩成孔灌注桩4种,成孔的控制深度按不同桩型采用不同标准控制,灌注桩适用范围如表6-2所示。

表6-2 灌注桩适用范围

序号	成孔方法		适用土类
1	泥浆护壁成孔	冲抓	碎石土、砂土、黏性土及风化岩
		冲击	
		回转钻	黏性土、淤泥、淤泥质土及砂土
		潜水钻	
2	干作业成孔	螺旋钻	地下水位以上的黏性土、砂土及人工填土
		钻孔扩底	地下水位以上的坚硬、硬塑的黏性土及中密以上砂土
		机动洛阳铲	地下水位以上的黏性土、黄土及人工填土
3	套管成孔	锤击振动	可塑、软塑、流塑的黏性土,稍密及松散的砂土
4	爆扩成孔		地下水位以上的黏性土、黄土、碎石土及风化岩

6.2.2 灌注桩的施工规范要求

1. 垂直度

《建筑桩基技术规范》(JGJ 94—2008)与《建筑地基基础工程施工质量验收规范》(GB 50202—2002)对灌注桩成孔施工的允许偏差的规定均应满足表6-3的要求。

2. 孔底沉渣(虚土)

《建筑桩基技术规范》(JGJ 94—2008)中规定灌注混凝土之前孔底沉渣厚度指标规定端承型桩灌注桩成孔施工的允许偏差应满足表 6-4 的要求[①]。

表 6-3　灌注桩成孔施工允许偏差

成孔方法		桩径偏差/mm	垂直度允许偏差/%	桩位允许偏差/mm	
				1～3 根桩、条形桩基沿垂直轴线方向和群桩基础中的边桩	条形桩基沿轴线方向和群桩基础的中间桩
泥浆护壁钻、挖、冲孔桩	d≤1000mm	≤−50	1	d/6 且不大于 100	d/4 且不大于 150
	d>1000mm	−50		100+0.01H	150+0.01H
锤击(振动)沉管振动冲击沉管成孔	d≤500mm	−20	1	70	150
	d>500mm			100	150
螺旋钻、机动洛阳铲干作业成孔灌注桩		−20	1	70	150
人工挖孔桩	现浇混凝土护壁	±50	0.5	50	150
	长钢套管护壁	±20	1	100	200

注:①桩径允许偏差的负值是指个别断面。
②H 为施工现场地面标高与桩顶设计标高的距离;d 为设计桩径。

表 6-4　灌注桩成孔底沉渣允许偏差

桩型	沉渣厚度允许值
端承型桩	≤50mm
摩擦型桩	≤100mm
抗拔、抗水平力桩	≤200mm

① 蒋建平. 桩基工程[M]. 上海:上海交通大学出版社,2016.

6.2.3　钢筋笼的加工

钢筋笼的加工规范要求:钢筋采用 HPB235、HRB335 级钢筋,其质量应符合《钢筋混凝土用钢第 1 部分:热轧光圆钢筋》(GB 1499.1—2008)、《钢筋混凝土用钢第 2 部分:热轧带肋钢筋》(GB 1499.2—2007)及相关规范的规定。

焊条应采用与主体钢材强度相适应的型号,并应符合现行标准。

表 6-5 为钢筋笼制作的允许偏差,主筋净距必须超过混凝土粗骨料粒径的 3 倍,一般选用卵石或碎石作为粗骨料,沉管灌注桩的最大粒径不应超过 50mm。另外,主筋净距也不能超过钢筋间小净距的 1/3;对于素混凝土桩,不得大于桩径的 1/4,并不应超过 40mm。

表 6-5　钢筋笼制作允许偏差

项目	允许偏差/mm
主筋间距	±10
箍筋间距	±20
钢筋笼直径	±10
钢筋笼长度	±100

6.2.4　混凝土的灌注

灌注桩的混凝土一般是水下浇筑的。因此对混凝土配合比的要求,浇灌的方法等都有其特点。混凝土灌注要求如下。

(1)混凝土质量控制应符合《混凝土质量控制标准》(GB 50164—2011)的规定。

(2)当钻孔灌注桩处于二类(a)环境时,混凝土最大水灰比为 0.60,最小水泥用量为 250kg/h,最低混凝土强度等级为 C25,最大氯离子含量为 0.3%。最大碱含量为 3.0kg/m³;当钻孔灌注桩处于二类(b)环境时,混凝土最大水灰比为 0.55,最小水泥用量为 275kg/h,最低混凝土强度等级为 C30,最大氯离子含量为 0.2%,最大碱含量为 $3.0kg/m^3$。

表 6-6 混凝土灌注要求

项　目	要　　求	检查方法
混凝土坍落度	水下灌注宜为 180~200mm 干作业宜为 70~100mm	坍落度仪
桩顶混凝土灌注高度	至少高出桩顶设计标高 0.5m	测绳
混凝土充盈系数	>1	计量实际灌注量
混凝土试件留取数量	单桩混凝土体积>$25m^3$时,每根桩留 1 组试件(3 件) 单桩混凝土体积≤$25m^3$时,每个灌注台班留 1 组试件(3 件)	标准试件模具
混凝土强度	设计要求	试件报告或钻芯取样
组骨料粒径	不大于钢筋最小净间距的 1/3,水下灌注时且应小于 40mm	检验报告

6.2.5　常见混凝土灌注桩施工

1. 长螺旋压灌桩施工

长螺旋钻孔压灌桩成桩工艺采用长螺旋钻机钻孔,至设计深度后提钻同时通过钻杆中心导管灌注混凝土,混凝土灌注完成后,借助于插筋器和振动锤将钢筋笼插入混凝土桩中,完成桩的施工。成孔、成桩由一机一次完成任务。

(1)长螺旋压灌桩施工工艺。长螺旋压灌桩施工工艺可用图 6-10 表示。具体施工工艺如下。

1)螺旋钻机就位。

2)启动电动机钻孔至预定标高。

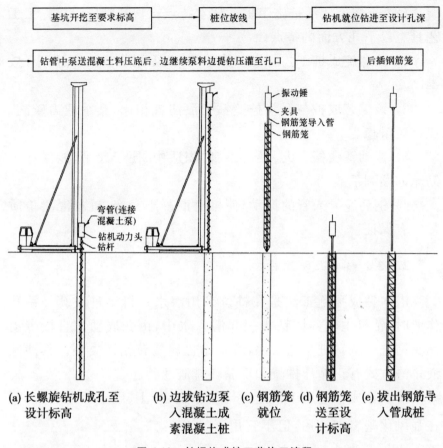

图 6-10　长螺旋成桩工艺施工流程

3）搅拌好的混凝土，需要使用混凝土泵通过按压钻杆内管将其压到钻头底端，在按压混凝土的同时拔管，这样就制成了素混凝土桩。

4）把钢筋笼与钢筋笼导入管连接到一起，将其吊至素混凝土桩的桩孔中。

5）起吊振动锤全笼顶，通过振动锤下的夹具夹住钢筋笼导入管。

6）启动振动锤通过导入管将钢筋笼送入桩身混凝土内至设计标高。

7）边振动边拔管将钢筋笼导入管拔出，并使桩身混凝土振捣密实。

（2）长螺旋压灌桩施工工艺技术特点。长螺旋压灌桩施工工艺具有以下几方面的特点。

1）长螺旋成桩工艺与设备施工简洁、无泥浆污染、噪声小、效率高。

2）该工艺成桩与泥浆护壁钻孔灌注桩相比，其承载力较高，成桩质量稳定。

3）振动锤激振力大、噪声小、体积适中、便于起吊，能保证钢筋笼的顺利下放。

4）钢筋笼导入管的振动，使桩身混凝土密实，桩身混凝土质量更有保证。

2. 潜水钻成孔灌注桩

潜水钻成孔施工法是在桩位采用潜水钻机钻进成孔。钻孔作业时，钻机主轴连同钻头一起潜入水中，由孔底动力直接带动钻头钻进。从钻进工艺来说，潜水钻机属旋转钻进类型。其冲洗液排渣方式有正循环排渣和反循环排渣两种。

潜水钻成孔适用于填土、淤泥、黏土、粉土、砂土等地层，也可在强风化基岩中使用，但不宜用于碎石土层。潜水钻机尤其适于在地下水位较高的土层中成孔。这种钻机由于不能在地面变速，且动力输出全部采用刚性传动，对非均质的不良地层适应性较差，加之转速较高，不适合在基岩中钻进。

（1）潜水钻机的构造。KQ型潜水钻机主机由潜水电机、齿轮减速器、密封装置组成（图6-11），加上配套设备，如钻孔台车、卷扬机、配电柜、钻杆、钻头等组成整机（图6-12）。

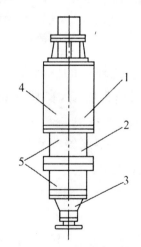

图 6-11 充油式潜水电机
1—电动机；2—行星齿轮减速器；
3—密封装置；4—内装变压器油；
5—内装齿轮油

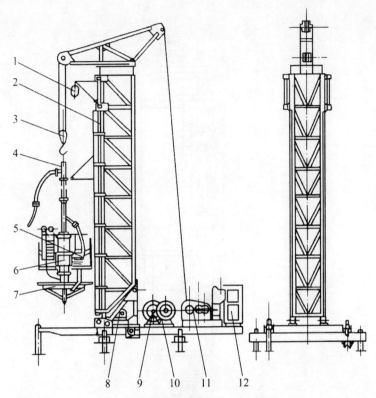

图 6-12　KQ2000 型潜水钻机整机外形

1—滑轮；2—钻孔台车；3—滑轮；4—钻杆；5—潜水砂泵；

6—主机；7—钻头；8—副卷扬机；9—电缆卷筒；

10—调度绞车；11—主卷扬机；12—配电箱

1）潜水钻主机。潜水电动机和行星减速箱均为一中空结构，其内有中心送水管。

整个潜水钻主机在工作状态时完全潜入水中，钻机能否正常耐久地工作，主要取决于钻机的密封装置是否可靠。

图 6-13 为潜水钻主机构造示意图。

2）轻型钻杆。轻型钻杆采用 8 号槽钢对焊而成，每根长 5m，适用于 KQ-800 钻机；其他型号钻机应选用重型钻杆。

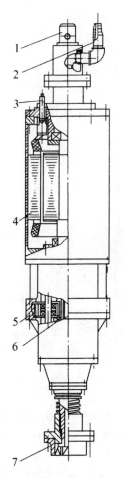

图 6-13　潜水钻主机构造示意图

1—提升盖;2—进水管;3—电缆;4—潜水钻机;5—行星减速箱;

6—中间进水管;7—钻头接箍

3) 钻头。在不同类别的土层中钻进应采用不同形式的钻头。

A. 笼式钻头。在一般黏性土、淤泥和淤泥质土及砂土中钻进宜采用笼式钻头(图 6-14)。

B. 镶焊硬质合金刀头的笼式钻头。此种钻头可用在不厚的砂夹卵石层或在强风化岩层中钻进。

C. 筒式钻头。钻进遇孤石或旧基础时可用带硬质合金齿的筒式钻头钻穿。

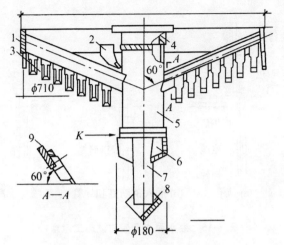

图 6-14　笼式钻头(孔径 800mm)

1—护圈;2—钩爪;3—腋爪;4—钻头接箍;

5、7—岩芯管;6—小爪;8—钻尖;9—翼片

D. 两翼钻头。处理孤石可采用两翼钻头,即将孤石沉到设计深度以下。

(2) 施工工艺。

1) 设置护筒。当表土层为砂土且地下水位又较浅时,或表土层为杂填土,孔径大于 800mm 时,应设置护筒。护筒内水压头应不低于涌水位深度。护筒内径应比钻头直径大 100mm,埋入土中深度不宜小于 0.1m,在护筒顶部应开设 1~2 个溢浆口。当护筒直径小于 1m 且埋设较浅时宜用钢制;直径大于 1m 且埋设较深时可采用永久性钢筋混凝土护筒。

2) 安放潜水钻机。

3) 钻进。用第一节钻杆接好钻机,另一端接上钢丝绳,吊起潜水电钻对准护筒中心,徐徐放下至土面,先空转,然后缓慢钻入土中,至整个潜水电钻基本进入土内,待运行正常后才开始正式钻进。每钻进一节钻杆,即连接下一节继续钻进,直到设计要求深度为止。

施工程序示意见图 6-15。

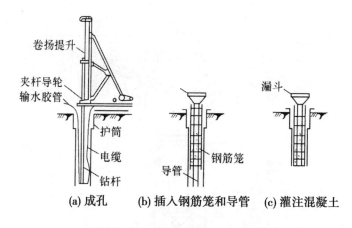

(a) 成孔　　(b) 插入钢筋笼和导管　(c) 灌注混凝土

图 6-15　潜水泵成孔灌注桩施工示意

6.3　混凝土预制桩施工

6.3.1　混凝土预制桩的制作

混凝土预制方桩可以在工厂或施工现场预制,现场的主要制作程序如下:制作场地压实平整→场地地坪作三七灰土或灌注混凝土→支模→绑扎钢筋骨架、安装吊环→灌注混凝土→养护至30％强度拆模→支间隔头模板、刷隔离剂、绑钢筋→灌注间隔桩混凝土→同法间隔重叠制作其他各层桩→养护至70％强度起吊→达100％强度后运输、堆放①。

6.3.2　混凝土预制桩的起吊、运输和堆放

1. 桩的起吊(lifting of pile)

方桩混凝土的强度达到设计强度的70％即可进行起吊。起

---

①　张忠苗. 桩基工程[M]. 北京:中国建筑工业出版社,2007.

吊时,可能出现失衡的情况,因此,应注意采取一定的措施,使桩身更加平稳。

对于排列方式紧密且重叠的预制方桩,在进行起吊操作时,应注意将桩与桩分离开,避免因为相邻桩间过大的黏结力,破坏桩身质量,故应做好桩身分离工作。

进行起吊时,应合理设置吊点位置和数量。通常情况下,单节桩长不超过 17m 时应设置两个吊点,单节桩长为 18～30m 时应设置三个吊点,超过 30m 时应设置四个吊点。吊点数量不超过三个的情况下,应采用正负弯矩相等的原则设置其位置,吊点数量超过三个的情况下,应采用反力相等的原则设置其位置。如图 6-16 所示为几种吊点的合理位置。

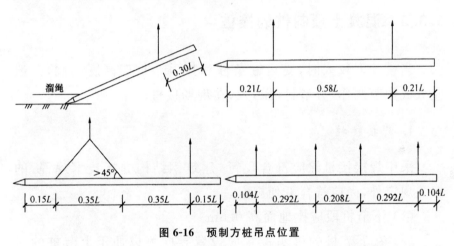

图 6-16　预制方桩吊点位置

2. 桩的运输和堆放(transportation and storage of pile)

预制桩运输时的强度应达到设计强度的 100％。

运输之前,应选好支承点的位置。可以将设计吊钩位置或接近吊钩的位置设为桩的支承点,叠放预制桩时应保证每层都能达到平稳的状态,再将其支撑或捆扎牢固,避免运输过程中受到晃动或滑落。采用单点吊的短桩,运输时也应按两点吊的要求设置两个支承点。

预制桩的堆放应注意以下几点。

（1）所选场地平整坚实，具有较好的排水性，这样在堆放的过程中不会发生场地的破坏而影响桩身的质量。

（2）堆放时应考虑桩身的规格、长度和使用顺序，进行分层叠放，其层数应控制在四层以内。

（3）桩下垫木宜设置两道，支承点的位置就在两点吊的吊点处并保持在同一横断面上，同层的两道垫木应保持在同一水平上。

从现场堆放点或现场制桩点将预制方桩运到打桩机前方的工作一般由履带吊机或汽车吊机来完成。现场预制的桩应尽量采用即打即取的方法，尽可能减少二次搬运。

6.3.3　混凝土预制桩的接桩

当桩长度较大时，受运输条件和打（压）桩架高度限制，一般应分成数节制作，分节打（压）入，在现场接桩。

1. 焊接接桩

采用焊接接桩除应符合现行《建筑钢结构焊接技术规程》的有关规定外，尚应符合下列规定。

（1）下节桩段应比地面高 0.5m。

（2）在下节桩的桩头位置应设置导向箍以便于上节桩的对接。进行对接操作应注意保持上下节桩段处于统一竖直线上，二者不宜偏离超过 2mm。若上下节桩对接偏差较大，不能使用大锤横向敲击。

（3）管桩对接前。上下端板表面应用铁刷子清刷干净，坡口处应刷至露出金属光泽。

（4）应在预制桩的四周对称地进行焊接，上下节桩对接完毕后，对其进行固定，拆除导向箍，才分层开始施焊；应进行不少于两层焊接，在焊接完第一层，清除产生的焊渣后，才能继续进行下一层焊接，焊缝应连续、饱满。管桩的第一层焊缝应选用直径小于 3.2mm 的焊条。

（5）焊好后的桩接头应自然冷却后才可继续锤击，自然冷却时间不宜少于 8min；严禁用水冷却或焊好即施打。

（6）雨天焊接时，应采取可靠的防雨措施。

（7）焊接接头的质量检查，对于同一工程探伤抽样检验不得少于 3 个接头。

2. 机械快速螺纹接桩

采用机械快速螺纹接桩，应符合下列规定。

（1）开始接桩前，应检查管桩两端的制作尺寸偏差和连接件的受损情况，合格后才能进行起吊施工，下节桩的顶部应比地面高 0.8m。

（2）上下节桩进行对接时，应该拆下端头的保护装置，清除接头残物，涂抹润滑脂。

（3）采用专用接头锥度对中，对准上下节桩进行旋紧连接。

（4）使用专用链条式扳手旋紧，接着用铁锤敲打扳臂，完成这一操作后应确保两短板间有 1～2mm 的间隙。

3. 混凝土预制桩的沉桩

混凝土预制桩的打（压）桩方法较多，主要有锤击法沉桩和静力压桩法。锤击法沉桩和静力压桩法的施工方法、施工流程及施工要求在前面预制桩的施工中已经进行了介绍。

4. 混凝土预制桩施工中的常见问题及注意事项

在预制桩施工过程中，常会发生一些问题，如桩顶碎裂、桩身断裂、桩顶偏位或上升涌起、桩身倾斜、沉桩达不到设计控制要求以及桩急剧下沉等，当发生这些问题时，应综合分析其原因，并提出合理的解决方法，表 6-7 为预制桩施工中常见的问题及解决方法。

表6-7 预制桩施工中常见的问题及解决方法

问题	可能产生原因	解决方法
桩顶碎裂	①桩端持力层很硬,且打桩总锤击数过大,最后停锤标准过严; ②施打时桩锤偏心锤击; ③桩顶混凝土有质量问题	①应按照制作规范要求打桩; ②上部取土植桩法; ③对桩顶碎裂桩头重新接桩
桩身断裂	①接桩时接头施工质量差引起接头开裂、脱节; ②桩端很硬,总锤击数过大,最后贯入度过小; ③桩身质量差; ④挖土不当	①打桩过程中桩要竖直; ②记录贯入度变化,如突变则可能断桩; ③浅部断桩挖下去接桩,深部断裂则要补打桩
桩顶位移	①先施工的桩因后打桩挤土偏位; ②两节或多节桩在施工时,接桩不直,桩中心线成折线形,桩顶偏位; ③基坑开挖时,挖土不当或支护不当引起桩身倾斜偏位	①施工前探明处理地下障碍物,打桩时应注意选择正确打桩顺序; ②在软土中打密集群桩时应注意控制打桩速率和节奏顺序; ③控制桩身质量和承载力
桩身倾斜	①先打的桩因后打桩挤土被挤斜; ②施工时接桩不直; ③基坑开挖时,或边打桩边开挖,或桩旁堆土,或桩周土体不平衡引起桩身倾斜	①在打桩中应注意场地平整、导杆垂直,稳桩时,桩应垂直; ②在桩身偏斜反方向取土后扶直; ③检测桩身质量和承载力
桩身上浮	先施工的桩因后打桩挤土上浮	①打桩时应注意选择正确打桩顺序; ②控制打桩速率和节奏顺序; ③上浮桩复打、复压
桩急剧下沉	桩的下沉速度过快,可能是因为遇到软弱土层或是落锤过高、桩接不正而引起的	施工时应控制落锤高度,确保接桩质量。如已发生这种情况,应拔桩检查,改正后重打,或在原桩旁边补桩

6.4 钢桩施工

常用的钢桩主要包括钢管桩(steel tubular piles)、H 型钢桩(H-shaped steel piles)和其他异型钢桩。钢桩具有强度高、施工方便的特点,但成本也最高而且要防腐蚀。

6.4.1　钢桩的制作

采用符合设计要求的材料来制作钢桩,选择具有挡风挡雨措施的平整场地作为制作钢桩的场地。表 6-8 为钢桩制作的容许偏差,应严格遵循这一规定。对于设置于有侵蚀性地下水或腐蚀性土壤的钢桩,还应进行防腐处理。

表 6-8　钢桩制作的容许偏差

序号	项　　目		容许偏差/mm
1	外径或断面尺寸	桩端部	±0.5%外径或边长
		桩身	±0.1%外径或边长
2	长度		>0
3	矢高		≤1%桩长
4	端部平整度		≤2(H 型钢桩≤1)
5	端部平面与桩身中心线的倾斜值		≤2

6.4.2　钢桩的焊接与切割

1. 钢桩的焊接

进行焊接前,应修整好下节桩的顶部、清理上节桩端部,如有铁锈则用角向磨光机打磨,并且处理出焊接坡口。如图 6-17 所示,把内衬箍放在下节桩内侧的挡块上,紧贴桩管内壁并分段点焊,然后吊接上节桩,其坡口搁在焊道上,使上下节桩对口的间隙为 2~4mm,再用经纬仪校正铅直度,在下节桩顶端外周安装好铜夹箍,再行电焊。

焊接质量应符合国家《钢结构工程施工质量验收规范》(GB 50205—2001)和《建筑钢结构焊接技术规程》(JGJ 81—2002),每个接头除应按表 6-9 规定进行外观检查外,还应按接头总数的

5％做超声或 2％做 X 射线拍片检查,对于同一工程,探伤抽样检验不得少于 3 个接头。

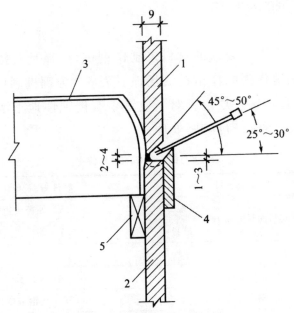

图 6-17　钢管桩的接头焊接[①]

1—钢管桩上节;2—钢管桩下节;3—内衬箍;4—铜夹箍;

5—挡块(30mm×30mm×12mm)

表 6-9　接桩焊缝外观允许偏差

序号	项　目	允许偏差/mm	序号	项　目	允许偏差/mm
1	上下节桩错口		2	咬边深度(焊缝)	0.5
	①钢管桩外径≥700mm	3			
	②钢管桩外径<700mm	2	3	加强层高度(焊缝)	0~+2
	H 型钢桩	1		加强层宽度(焊缝)	0~+3

2. 钢管桩的切割

将钢管桩打入地下后,为了方便对基坑实施机械化挖土,应

① 姜晨光.桩基工程理论与实践[M].北京:化学工业出版社,2010.

切割基底上部的钢管桩。安装过程中,可以将其通过起吊置于钢管桩内的任意深度,使用风动顶针固定在钢管桩内壁,使用预先设置的间隙对割嘴进行回转切割,切割完毕,使用如图 6-18 所示的内胀式拔桩装置将短桩头拔出。

3. 钢管桩桩盖的焊接

为使钢管桩与承台共同工作,可在每个钢管桩上加焊一个桩盖,并在外壁加焊 8~12 根 ϕ20mm 的锚固钢筋。当挖土至设计标高时使钢管桩外露,取下临时桩盖,按设计标高用气焊进行钢管桩顶的精割,切割清理平整后打坡口,放上配套桩盖焊牢(图 6-19)即可。

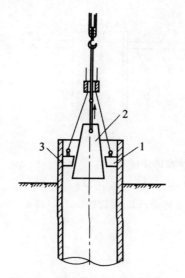

图 6-18　钢管桩内胀式拔管装置

1—齿块;2—锥形铁陀;3—钢管桩

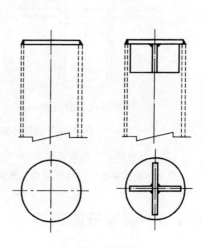

图 6-19　桩盖形式

4. 钢管桩桩端与承台的连接

钢管桩顶端与承台的连接一般采用如图 6-20 所示刚性接头的形式,将桩头嵌入承台内的长度不得小于 $1d$(d 为钢管桩外径)或仅嵌入承台内 100mm 左右,再利用钢筋进行补强或在钢管桩顶端焊以基础锚固钢筋,然后再按常规方法施工上部钢筋混凝土基础。

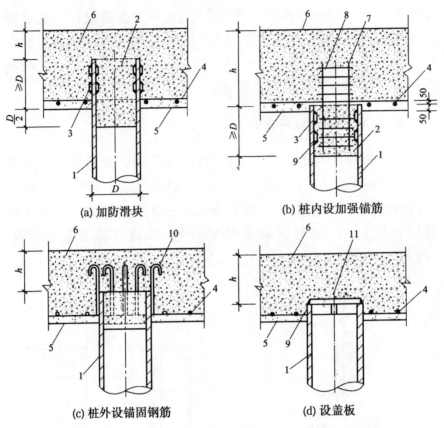

(a) 加防滑块   (b) 桩内设加强锚筋

(c) 桩外设锚固钢筋   (d) 设盖板

图 6-20　钢管桩头与基础承台的连接方式

1—钢管桩；2—填充混凝土；3—防滑块；4—承台下部主筋；5—承台底部；
6—承台顶面；7—加强锚筋；8—箍筋；9—贴角焊缝；10—锚固钢筋；11—桩盖

6.4.3　钢管桩的施工

1. 施工准备

沉桩前，应认真处理高空、地上地下的障碍物。钢管桩施工时通常会对周围环境造成较大的噪声、振动，施工前应制定出有效的降低噪声和防振措施。

2. 沉桩方法

目前常用的是冲击法和振动法，但由于对噪声和振动的限制,目前采用压入法和挖掘法的工程逐渐增多。

钢管桩的施工程序为:桩机安装→桩机移动就位→吊桩→插桩→锤击下沉、接桩→锤击至设计标高→内切割桩管→精割、盖帽。

3. 打桩方法

在锤击桩头时,可能出现损坏的情况,因此,应于打桩前在桩头顶部设置特制的桩帽,如图 6-21 所示,同时,对于锤击应力作用的部位还应放置硬木制的减振木垫。进行打桩操作时,还应在桩架的正面及侧面设置两台经纬仪,通过校正桩架导向杆及桩的铅直度,使锤、桩帽与桩处于同一铅垂线,接着轻轻击打使其下沉 1~2m,再次进行铅直度的校正,正式开始打桩。当桩身下沉到某一深度,检测到沉桩质量良好,才能继续进行连续击打,直至桩顶比地面高 60~80cm 才停止击打,进行接桩操作,再采用上述步骤进行打桩直至达设计深度。在打桩的初期阶段,若发现桩位不正,应重新调正或将其拔出重新插打。

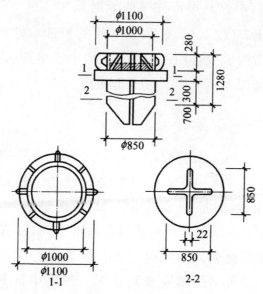

图 6-21　桩帽构造(用于 φ914.4mm 钢管桩)

4. 送桩方法

若桩顶的标高距离地面有一定高度且并不进行接桩的情况下,能够使用送桩筒(图 6-22)把桩打到设计标高。一般情况下,送桩筒的打入阻力不能太大、打击能量可以有效地传到所打的桩、上拔容易且能连续持久使用。图 6-22 中,1 为钢管桩同直径钢管、2 为加筋肋;D 为钢管桩外径、d 为钢管桩内径;$a=d-100\text{mm}$、$b=d-20\text{mm}$、$c=d+40\text{mm}$。

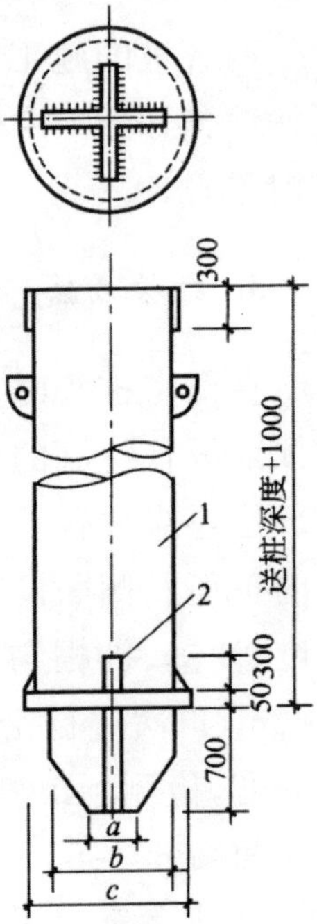

6.4.4　H 型钢桩的施工

1. 施工机械

通常情况下,使用三点支撑履带行走式柴油打桩机,不过其锤击性能弱于钢管

图 6-22　钢管桩送桩用的送桩筒构造

桩,应该选用 K35(或 4.5t 级)以下各级的桩锤。桩架应该设置横向稳定装置,电焊机应选用一般的 BX 型手工电焊机,进行桩的起吊、运送时应选用 8～12t 的轮胎式起重机。

2. 沉桩施工

H 型钢桩的施工工艺程序为:现场三通一平→桩机安装、就位→吊桩→插桩→锤击下沉→接桩→再锤击→控制停打标准→基坑开挖→精制钢桩→戴桩帽。H 型钢桩桩顶须设置桩帽(图 6-23,其中 e 为翼板厚度),插桩需对准方向,其 X 和 Y 方向必须符合设计图纸要求。H 型钢桩锤击时须设置横向稳定机构,通常是在桩架上设置活络抱箍来防止沉入过程中桩发生侧向失稳而停锤。H 型钢桩接头多采用焊接,常用形式见图 6-24,螺栓连接法的强度、刚度较差已极少采用,接桩时应注意不使桩尖停在硬土层上。基坑较深时宜采用送桩至设计标高,但不宜过深,否则容易使 H 型钢桩移位或因锤击过多而失稳,送桩可直接用 H 型钢桩加焊钢夹板制成(图 6-25)。H 型钢桩沉入设计标高、基坑开挖后也应在其顶部加盖桩盖。H 型钢桩盖帽构造见图 6-26,(a)为角钢钢帽,适用于承受较大弯矩的桩,(b)为钢板钢帽,适用于承受垂直荷载的桩。图 6-26 中,1 为横焊缝,2 为竖焊缝。

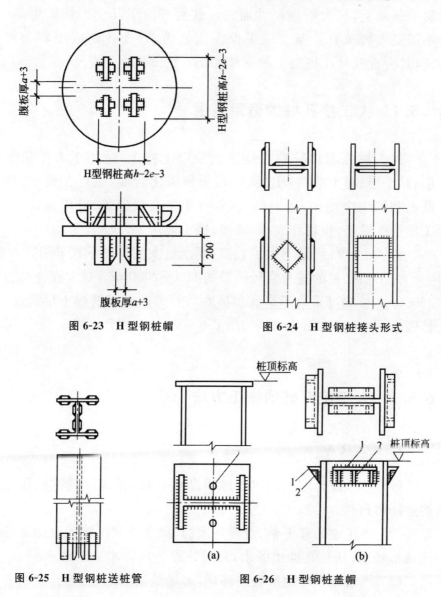

图 6-23　H 型钢桩帽　　　　图 6-24　H 型钢桩接头形式

图 6-25　H 型钢桩送桩管　　　　图 6-26　H 型钢桩盖帽

6.5 人工挖孔桩的施工

人工挖孔灌注桩(artificial bored pile)是用人工挖土成孔,然后安放钢筋笼,灌注混凝土成桩。挖孔扩底灌注桩是在挖孔灌注桩的基础上,扩大桩端尺寸而成。这类桩由于其受力性能可靠,不需要大型机具设备。施工操作工艺简单,在各地应用较为普遍,是大直径灌注桩施工的一种主要工艺方式。

6.5.1 人工挖孔桩的适用范围

人工挖孔灌注桩宜在地下水位以上施工,适用于人工填土层、黏土层、粉土层、砂土层、碎石土和风化岩层,也可在黄土、膨胀土和冻土中使用,适应性较强,可用于高层建筑、公用建筑、水工建筑作桩基,也可作支承、抗滑、挡土之用。

对软土、流沙、地下水位较高、涌水量大的土层不宜采用。

人工挖孔桩的桩身直径一般为 800～2000mm,最大直径可达 3500mm,桩端可采取不扩底和扩底两种方法。视桩端土层情况,扩底直径一般为桩身直径的 1.3～2.5 倍,最大扩底直径可达 4500mm。

6.5.2 人工挖孔桩的施工方法

1. 施工准备

(1)参考设计施工图以及地质勘察资料,正确评判挖孔作业的整体可行性。

(2)将场地处理平整、设置排水沟、集水井和沉淀池。保证场地排水畅通,从桩孔抽出的水,需经处理合格后才能排出。

(3)严格调查场地所处的环境,对场地周围的建筑物,特别需要对危房、天然地基上的楼房及地下管线等展开详细调查,还应采取相应的防范措施。

（4）编制施工组织设计,组织施工图会审。

（5）测量放线与开孔挖孔桩工程基线、高程、坐标控制点及桩轴线的测放方法和要求。

（6）检查施工设备,进行安全技术交底。

2. 成孔作业

（1）开孔。开孔是指在现场地面上修筑第一节孔圈护壁,或称为护肩。开孔前,应从桩中心位置向桩外引出四个桩中轴线控制点并加以固定。

（2）分节挖土和出土。进行挖土时,应先挖中间位置,再挖周边,允许偏差不应大于 30mm。处理扩底部分时,应先挖桩身圆柱体,再依据扩底尺寸由上至下削土,将其处理为扩底形。如图 6-27 所示,为挖孔桩成孔示意图。

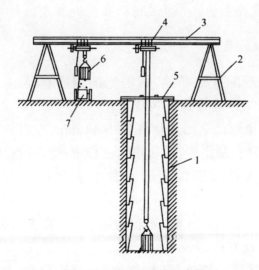

图 6-27　挖孔桩成孔示意图

1—混凝土护壁;2—钢支架;3—钢横梁;4—电葫芦;
5—安全盖板;6—活底吊桶;7—机动翻斗车或手推车

挖孔时应注意桩位放样准确,在桩外设定位龙门板。当桩净距小于 2 倍桩径并且小于 2.5m 时,应间隔开挖。

(3) 安装护壁钢筋和护壁模板。挖孔桩护壁模板通常处理为通用模板,选用角钢做骨架,钢板作面板,用螺栓连接模板。将其高度处理为 1.0m。若设计需要放置钢筋或挖土过程中出现软弱土层,应先设置钢筋才可以安装护壁模板。

(4) 灌注护壁混凝土。灌注混凝土前,可在模板顶部放置钢脚手架或半圆形的钢平台作临时性操作平台。

(5) 桩孔抽水。若地下水较为丰富,应对其进行分批开挖,每批设置的数量不能太少,也不能太多,并且孔位应该均匀分布。在挖第一批桩孔时,应该选将一两根桩挖得较深,这样能够充当集水井。挖第二批桩孔时,应该利用第一批未灌混凝土的桩孔进行抽水操作。

(6) 验底和扩孔。当挖孔达到设计标高时,应该尽早通知监理、建设、设计单位和质检部门来鉴定孔底土质。孔底不能积水,终孔后需要清理干净护壁淤泥以及孔底残渣、积水,进行隐蔽工程验收,验收合格后,应立即封底和灌注混凝土。

3. 安装钢筋笼

挖孔桩一般配置钢筋笼,钢筋笼的钢筋直径、长度等由设计计算而定。其制作应符合下列规定。

(1) 钢筋笼外径应比设计孔径小 140mm 左右。

(2) 钢筋笼在制作、运输和安装过程中,应采取措施防止变形。

(3) 钢筋笼的主筋保护层不宜小于 70mm,其允许偏差为 ±2.0mm。

(4) 吊放钢筋笼入孔时,不得碰撞孔壁,灌注混凝土时应采取措施固定钢筋笼位置。

(5) 钢筋笼需分段连接时,其连接焊缝及接头数量应符合国标的规定。

4. 灌注桩身混凝土

灌注桩身混凝土的方法应根据桩孔内渗水量及渗水的分布

来选定。当孔内无水时可采用干灌法;当孔内渗水量较大时应采用导管法灌注水下混凝土。

(1) 干灌法(dry pouring method)。干灌法灌注桩身混凝土时,必须通过溜槽;当高度超过 3m 时,应用串桶,串桶末端离孔底高不宜大于 2m。混凝土宜采用插入式振捣,泵送混凝土时可直接将混凝土泵的出料口移入孔内投料。

(2) 水下灌注法(underwater pouring method)。采用导管直径为 25～30cm。桩孔内水面应略高于桩外的地下水位。开灌前,储料斗内的混凝土必须有一定的量,足以将导管底端一次性埋入水下的混凝土达 0.8m 以上的深度。

不论干灌法或水下灌注法,均应留置试块,每根桩不得少于一组。

桩身混凝土的养护,当桩顶标高比自然场地标高低时,在混凝土灌注 12h 后进行湿木养护;当桩顶标高比场地标高高时,混凝土灌注 12h 后应覆盖草袋,并湿水养护,养护时间不得少于 7d。

6.5.3　注意事项

人工挖孔桩成孔工作的劳动条件比较差,施工时必须采取严格的安全措施,以防止发生安全事故。

(1) 要了解孔内是否存在有害气体,深度超过 10m 的孔应有通风设施,风量应大于 25L/s。

(2) 供施工人员上下的井道电葫芦、吊篮等应有自动卡紧保险装置,不得用单绳徒手蹚井帮上下,孔内必须设置应急软梯。

(3) 随时检查提升设备的完好情况。

(4) 暂时停止施工的孔口应加盖板并设护栏,挖出的土方应及时运走,不得堆放在孔口附近。

(5) 严守用电规程,各孔用电必须分闸,孔内电线必须有防潮湿、防折断的保护措施。

第7章 桩基检测

为了确保桩基工程的质量,需要对桩基进行必要的检测,以便对有缺陷的桩及时采取补救措施。本章主要从静载荷试验、动测技术以及完整性检测三个方面介绍桩基检测,为确定承载力和桩的质量缺陷部位奠定理论基础。

7.1 桩基检测概述

7.1.1 桩基的质量问题

桩基础通常位于地下或水下,属于隐蔽工程。桩基础工程的质量直接关系到整个建筑物的安全和正常使用。桩基础的施工程序烦琐、施工难度大、技术要求高,稍有不慎就会出现质量问题。因此,桩基工程的试验及质量检测尤为重要。

随着我国桩基础的大量应用以及科学技术的发展,桩基工程的检测技术也在不断更新和提高。桩基工程检测主要有:现场静载荷试验(包括竖向抗压、抗拔以及水平向载荷试验);桩基现场成孔质量检测、桩身混凝土钻芯取样检测、桩身质量无损检测以及桩基承载力检测等。《建筑基桩检测技术规范》(JGJ 106—2003)中列出了基桩检测方法及检测目的,见表 7-1。该规范还规定了桩身完整性分类的统一划分标准,见表 7-2。

表 7-1　基桩检测方法及检测目的

检测方法	检测目的
单桩竖向抗压静载试验	确定单桩竖向抗压极限承载力； 判定竖向抗压承载力是否满足设计要求； 验证高应变法的单桩竖向抗压承载力检测结果； 通过桩身内力及变形测试,测定桩侧、桩端阻力
单桩水平静载试验	判定水平承载力是否满足设计要求； 确定单桩水平临界和极限承载力,推定土抗力参数； 通过桩身内力及变形测试,测定桩身弯矩和挠曲
单桩竖向抗拔静载试验	确定单桩竖向抗拔极限承载力； 判定竖向抗拔承载力是否满足设计要求； 通过桩身内力及变形测试,测定桩的抗拔摩阻力
低应变法	检测桩身缺陷及其位置,判定桩身完整性类别
钻芯法	判定或鉴别桩底岩土性状,判定桩身完整性类别； 检测灌注桩桩长、桩身混凝土强度、桩底沉渣厚度
声波透射法	检测灌注桩桩身混凝土的均匀性、桩身缺陷及其位置,判定桩身完整性类别
高应变法	分析桩侧和桩端土阻力； 判定单桩竖向抗压承载力是否满足设计要求； 检测桩身缺陷及其位置,判定桩身完整性类别

表 7-2　桩身完整性分类表

桩身完整性类别	分类原则
Ⅰ 类桩	桩身完整
Ⅱ 类桩	桩身有轻微缺陷
Ⅲ 类桩	桩身有明显缺陷
Ⅳ 类桩	桩身存在严重缺陷

　　桩身质量的无损检测方法主要有动力检测法(低应变动测法及高应变动测法)、声波透射法。其中低应变法和声波透射法适用于检测桩身完整性,而高应变法既可用于检测桩身完整性,也可用于检测基桩竖向承载力。

7.1.2 桩基工程检测的内容

桩基工程检测可从桩基强度、桩基变形问题及几何受力条件三方面进行。

1. 桩基强度

桩基强度取决于按桩身材料确定的强度及按地基强度确定的承载力两者之间的控制值。

在施工过程中,对打入桩习惯用最终贯入度或桩尖标高进行控制,而对灌注桩等只能通过扩孔坍孔情况、泥浆质量指标、混凝土浇灌数量、孔底沉渣厚度、导管上拔情况等间接控制。

成桩后的检测,较多采用静载试验以及近年来快速发展起来的桩的动测法。通过对桩身结构的完整性检验及承载力检测,可以对桩基强度做出评价。

2. 桩基变形问题

桩基变形问题难以从快速的现场检测工作中得出确证依据。因此,只要桩身结构完整性有所保证,且土层未发生过大的隆起,就可以认为桩基变形符合要求。

3. 几何受力条件

几何受力条件指有关桩位的平面布置、桩身设置斜度、桩段接头连接情况以及桩顶桩尖标高的控制,通常以严格工艺操作来保证。施工后桩接头的质量及因位移而造成的斜桩的承载力可按检测方法作出确证。

综上所述,桩的检测重点是承载力检验和桩身结构完整性检验,目前常用的检测方法有动测法、声脉冲反射波法等。

7.2　桩基静载荷试验

7.2.1　单桩轴向抗压静荷载试验

在桩基工程设计中,如何正确评价和确定单桩承载力,是一个关系到设计是否安全与经济的重要问题。单桩垂直承载力可以通过静载试验、静力触探、动力触探等途径来确定。其中,垂直静载试验是确定单桩承载力方法中最基本和最可靠的方法。除静载试验外,其他方法均有不同程度的误差,因此,对重要工程,一般都应通过现场静载试验确定桩的轴向承载力。

单桩轴向抗压静载试验采用接近轴向抗压桩实际工作条件的试验方法,确定单桩轴向抗压极限承载力。试验时荷载逐级作用于桩顶,桩顶沉降慢慢增大,最终可得到单根试桩静载 Q-S 曲线,还可获得每级荷载下桩顶沉降随时间的变化曲线。

各个部门对一个工程中应取多少根桩进行静载试验的规范大体相同。《港口工程桩基规范》(JTS 164-4—2012)规定:试验桩的数量应根据要求和工程地质条件等确定,不宜少于 2 根。

1. 静载试验的目的和意义

通过现场试验可以确定单桩的轴向受压承载力。得到的 Q-S 曲线是桩破坏机理和破坏模式的宏观反映。此外,在静载试验过程中,还可以获得有助于对实验成果进行分析的每级荷载下桩顶沉降随时间的变化曲线。

2. 试桩的制作

在制作试桩时,可在桩顶配置加密钢筋网 2～3 层予以加强,或先以薄钢板圆筒做成加劲箍与桩顶混凝土浇成一体,再用高强度等级砂浆将桩顶抹平,钻孔灌注桩试桩的桩头制作如图 7-1 所示。对于预制桩,若桩顶未破损可以不另做处理,但是如果因为沉桩困难而需要在截桩的桩头上做试验时,预制桩的顶部就需要外加封闭箍、内浇捣高强细石混凝土予以加强。

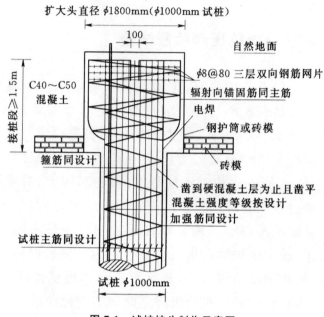

图 7-1　试桩桩头制作示意图

3. 静载试验加载装置

静载试验一般使用单台或多台同型号千斤顶并联加载。千斤顶的加载反力装置有以下四种形式。

(1) 锚桩-横梁反力装置。锚桩-横梁反力装置如图 7-2 和图 7-3 所示[①]。一般锚桩至少 4 根。除了工程桩当锚桩外,也可用地锚的办法。

1) 用预制长桩作锚桩时,要加强接头的连接。

2) 用灌注桩作锚桩时,其钢筋笼要通长配置。

锚桩按抗拔桩的有关规定计算确定,并对在试验过程中对锚桩上拔量进行监测。

---

① 刘明维. 桩基工程[M]. 北京:中国水利水电出版社,2015.

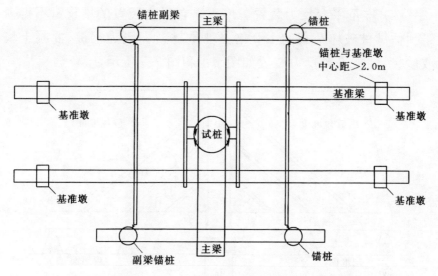

图 7-2　锚桩-反力架装置抗压静载试验平面布置示意图

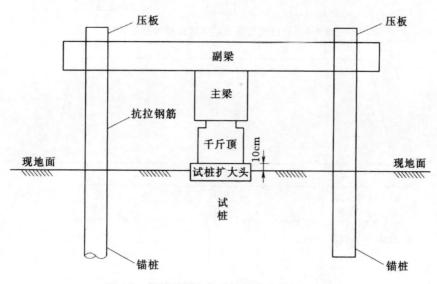

图 7-3　锚桩法轴向抗压静载试验装置示意图

　　锚桩-横梁反力装置安装比较快捷,使用试桩邻近的工程或预先设置的锚桩来提供反力,特别对于大吨位的试桩来讲,比较节约成本且准确性相对较高;但锚桩在试验过程中受到上拔的作用,其桩周围的扰动同样会影响到试桩,且在进行大吨位灌注桩试验时,无法随机抽样。

（2）堆重平台反力装置。堆重平台反力装置的堆重量不得少于预估试桩破坏荷载的 1.2 倍。堆重材料一般为钢锭、混凝土块或砂袋，堆重平台反力装置如图 7-4 和图 7-5 所示。

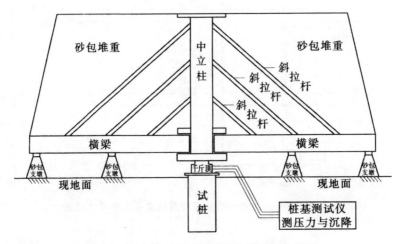

图 7-4　砂包堆重反力架装置静载试验示意图

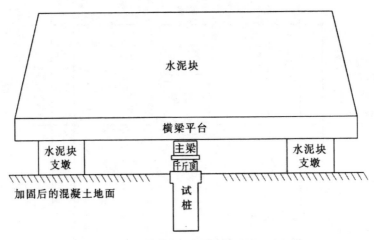

图 7-5　水泥块堆重-反力架装置静载试验示意图

堆重平台反力装置承重平台搭建简单，能对工程桩进行随机抽样检测，可选做不同荷载量的试验，适合于不配筋或少配筋的桩；但在开始试验前，堆重物的重量由支墩传递到了地面，从而使桩周土体受到了一定的影响，所以在观测支墩和基准梁的沉降以及大吨位试验时要注意安全。

（3）静压桩架-反力架装置。对静压预制桩,可采用静压桩机及其配重作反力架进行静载荷试验,如图 7-6 所示。该方案就地取材,具有简便易行、成本低的特点。但最大试验荷载受到静压桩架自重的限制,有可能做不到单桩轴向极限承载力,需增加配重。

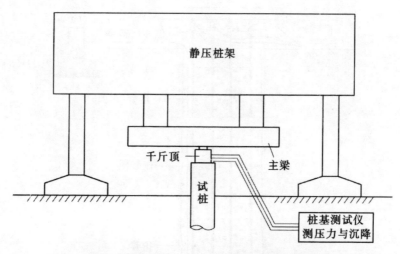

图 7-6　静压桩架－反力架装置静载试验示意图

桩架自重作荷重反力架装置可以就地取材,具有简便易行、成本低的特点,但局限性较大,对于灌注桩等大吨位试验不适应。

（4）锚桩压重联合反力装置。当试桩的最大加载重量超出锚桩的抗拔能力时,可在锚桩上预先加配重,由锚桩与堆重共同承受千斤顶的反力。

当采用多台千斤顶加载时,应将千斤顶并联同步工作,并使千斤顶的合力通过试桩中心。

锚桩压重联合反力装置的锚桩上拔受拉,采用适当的堆承,有利于控制桩体混凝土裂缝的开展;但由于桁架或梁上挂重堆重,桩的突发性破坏所引起的振动、反弹不利于安全。

4. 自平衡反力装置

自平衡反力装置将荷载箱与钢筋笼焊接成一体放入桩体,用油泵向荷载箱加压,使上半部分桩的承载力与下半部分相同,通过加荷分别测试出荷载箱上半部分桩的摩阻力及其下半部分桩的承载力,转换为静荷载试验后,给出桩基承载力,如图 7-7 所示。

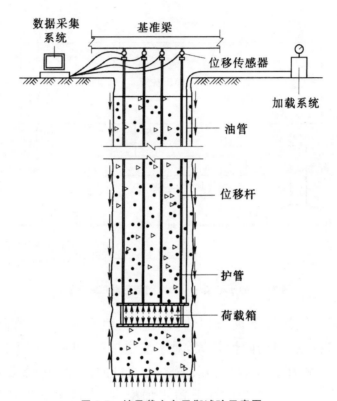

图 7-7　桩承载力自平衡试验示意图

自平衡反力装置自 1996 年引入我国,到目前为止已成功应用在水上试桩、坡地试桩等多种特殊场地试桩,桩型有混凝土预制桩、钻孔灌注桩及沉管灌注桩等。

自平衡反力装置可以适应各种场地、各种型号的桩,并可检测高承载力的桩;但测出的数值与真实值之间存在差异,需要通过转换,在转换的过程中会由于方法和参数选择的不同而产生误差。

7.2.2 单桩水平静载试验

1. 试验目的与适用范围

在水平荷载作用下的单桩静载试验常用来确定单桩的水平承载力和地基土水平抗力系数的比例系数值,或对基桩的水平承载力进行检验和评价。

当埋设有桩身应力测量元件时,可测定出桩身应力变化,并由此求得桩身弯矩分布。水平荷载有多种形式,如风力、制动力、波浪力、地震力以及船舶撞击力等产生的水平力和弯矩,这些水平荷载都有其特殊性质,它们对桩的作用有专门的分析计算方法。

水平受力桩通常有四种分析计算方法:地基反力系数法、弹性理论法、有限元法和极限平衡法,按照是否随水平位移而变化,地基反力系数法又分为非线性(如 p-y 曲线法)和线性两种方法。

我国工程实践中常用的地基反力系数法是线性的,同时假定地基抗力系数沿深度呈线性增长,即 m 法。我国基桩检测规范规定,对于受水平荷载较大的一级建筑桩基,单桩的水平承载力设计值应通过单桩静力水平荷载试验确定。

单桩水平静荷载试验主要的目的如下。

(1)判定水平承载力是否满足设计要求。

(2)通过桩身内力及变形测试,测定桩身弯矩。

(3)确定单桩水平临界和极限承载力,推定土抗力参数。

单桩水平静荷载试验主要适用于能达到试验目的的钢筋混凝土桩、钢桩等。

2. 试验要求

桩的水平静载试验一般以桩顶自由的单桩为对象,其主要目的是确定桩侧地基土的侧向地基系数、桩的水平承载力、土的反力模量 E_s 以及 p-y 曲线。

试桩的位置选择有代表性的地点,试验桩的周围地表面较平坦,试验桩变形受其他因素的影响应较小。在实际工程中,当桩受到的水平荷载大大超过常用的经验数值,或当桩基受到循环荷载时,一般应进行水平静载试验。试桩数量应根据设计要求及工程地质条件确定,不宜少于 2 根。

试验前,在离试桩边 3～10m 范围内应有钻孔;在地表以下 16d(d 为桩径)深度范围内每隔 1m 应有土样的物理力学试验指标,16d 以下深度取样的间距可适当放大,有条件时尚宜进行现场十字板、静力触探或旁压试验[①]。

打入桩在沉桩后到进行试桩的间隔时间,对于砂性土不应少于 3d;对于黏性土不应少于 14d;对于水冲沉桩不应少于 28d。在同一根试验桩上先进行垂直静荷载试验,再进行水平静载荷试验时,两次试验之间的间歇的时间不宜小于 48h。

3. 试验装置

单桩水平静荷载试验的试验装置主要包括反力系统、压力系统和水平位移量测系统三个部分,试验装置如图 7-8 所示。

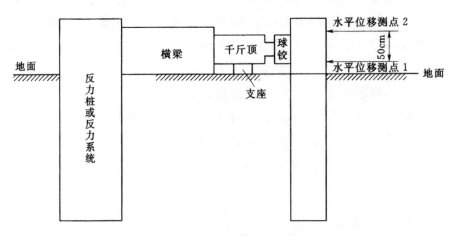

图 7-8　水平静载试验装置

① 刘明维. 桩基工程[M]. 北京:中国水利水电出版社,2015.

首先要根据试验要求预估能施加的最大荷载和最大位移,试验设备的加载能力应取预估最大荷载的 1.3～1.5 倍;反力设备的水平承载力和水平刚度应取试验桩的 1.3～1.5 倍。当采用对顶法加荷时,反力结构与试验桩之间净距不小于 $6d$。试验桩的加力点处应进行适当加强;基桩应稳固可靠,不受试验和其他影响,与试验桩或反力结构的净距不宜小于 $6d$。试验中还应防止偏心加载,在千斤顶与试桩接触处宜安设一球形支座。位移测试精度不宜小于 0.02mm。

每一试桩在力的作用水平面上和在该平面以上 50cm 左右各安装一个或两个百分表。如果桩身露出地面较短,可只在力的作用平面上安装百分表测量水平位移。应注意固定或支承百分表的夹具和基准梁在构造上应确保不受温度变化、振动及其他外界因素影响而发生竖向变位;基准桩应设置在受试桩及结构反力影响的范围外;基准桩与试桩、反力桩之间的最小中心距应符合相关规定。

4. 试验方法

单向单循环水平维持荷载法的加卸载分级,试验方法及稳定标准与单桩竖向静载试验的规定相同。下面介绍单向多循环加载法。

(1) 加载和卸载方法。单向多循环加载法的分级荷载应小于预估水平极限承载力或最大试验荷载的 1/10。每级荷载施加后,恒载 4min 后可测读水平位移,然后卸载至零,停 2min 测读残余水平位移,至此完成一个加卸载循环。循环 5 次后完成一级荷载的位移观测。

(2) 终止加载条件。《港口工程桩基规范》(JTS 167-4—2012)对终止加载条件均作了规定,当出现下列情况之一时,可终止加载。

1) 变形速率明显加快。

2) 地基土出现明显的斜裂缝。

3) 在某级荷载下,横向变形急剧增加。

4) 达到试验要求的最大荷载和最大位移。

5. 试验成果整理

为了便于应用与统计,应将单桩水平静载试验的结果整理成表格形式,并绘制有关试验成果的曲线。试验的成果资料主要包括以下几个方面。

(1) 各级荷载作用下的水平位移汇总表。

(2) 单桩水平临界荷载、单桩水平极限荷载及它们对应的水平位移。

(3) 绘制水平力-时间-位移(H_0-t-X_0)关系曲线、水平力 H_0 与位移梯度 $\Delta X_0/\Delta H_0$ 关系曲线、ΔH_0-$\Delta X_0/\Delta H_0$ 曲线或水平力 H_0 与位移 ΔX_0 双对数曲线($\lg H_0$-$\lg X_0$ 曲线);分析确定试桩的水平荷载承载力和相应水平位移,如图 7-9(a)和(b)所示。

(4) 当测量桩身应力时,尚应绘制应力沿桩身分布和水平力-最大弯矩截面钢筋应力(H_0-σ_g)等曲线,如图 7-9(c)所示。

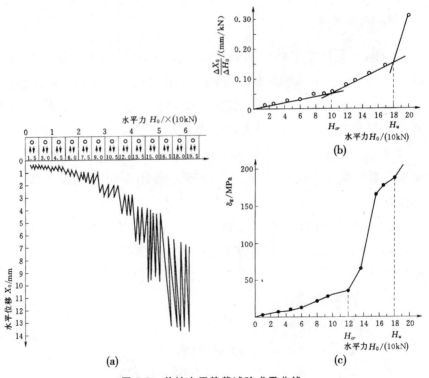

图 7-9　单桩水平静载试验成果曲线

（5）单桩水平承载力特征值的确定。《建筑基桩检测技术规范》（JGJ 106—2003）对单桩水平承载力特征值作了规定：单位工程同一条件下的单桩水平承载力特征值的确定应符合下列规定。

1）当桩身强度控制水平承载力时，单桩水平承载力特征值为水平临界荷载统计值。

2）当长期水平荷载作用在桩上时，不允许开裂，单桩水平承载力特征值应取水平临界荷载统计值的 0.8 倍。

3）当水平承载力允许位移控制时，单桩水平承载力特征值可取设计要求的水平允许位移对应的水平荷载。

（6）单桩水平极限承载力的确定。单桩水平极限承载力可以按下面方法确定。

1）H-Y 曲线上第二折点的前一级荷载，如图 7-10 所示。

2）H-t-Y 曲线明显陡降的前一级荷载，如图 7-9（a）所示。

3）$\lg H$-$\lg Y$ 曲线上第二个折点（钢桩取第一折点）的前一级荷载。

4）H-$\dfrac{\Delta Y}{\Delta H}$ 曲线第二个直线段终点对应的荷载，如图 7-9（b）所示。

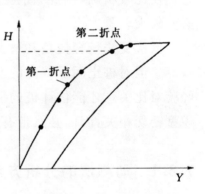

图 7-10　H-Y 曲线

在具体问题中确定极限承载力时，可用上述四种方法综合确定。

7.3　桩基动测技术

动测法利用冲击、振动或水中放电等方法给桩顶施加一能量，在桩头量测桩土系统响应信号，然后根据信号计算分析的结果进行桩的检验。

动测法是在一定的假设计算模型基础上进行参数测定和检验。由于桩基的复杂性及动测方法研究发展的成熟程度不够,因而其检测结果的可靠程度也往往不够,不少问题处在探索之中。某些方法的误判或检测精度不能满足工程要求的情况也是常见的。工程中宜以多种方法对比或配合使用。

动测法具有快速、轻便、经济等特点,相比于静载试验的直观,动测法需要通过电子测量、记录及分析仪器来进行,并时刻关注仪器设备的精度、频响范围、仪器率定及匹配程度。

由于地基土对桩的承载能力与桩土之间的相对位移量大小有关,因此,根据扰力激发的桩身位移,桩基动测法可分为高应变及低应变两类。

高应变法对充分发挥桩土间的承载力有利,所得到的响应信息往往比较明确,因此,高应变法所需的试验能量及相应的设备必然较大较重。

低应变法较轻便是其最大优点,可以对工程桩大面积地进行检测。但对桩土间承载力的发挥则很难有所作为,需要首先确定经验对比关系才能估计桩的承载力,且与土层结构及假定的计算模型密切相关,因而必然带有一定的地区性[①]。

7.3.1　动测法的分析方法

动测法收集到的信息是极其丰富的,准确可靠地判断测试结果是动测法应用的关键。目前常见的分析方法如下。

(1)动刚度计算。

(2)传递函数分析。

(3)响应波形的时域分析。

(4)响应波形的频谱分析。

根据以上分析方法对桩身结构完整性检验时,质量好的桩和

---

① 叶建良,汪国香,吴翔,等．桩基工程[M]．武汉:中国地质大学出版社,2000.

质量有缺陷的桩所反映的曲线有明显的差别。

（1）全断裂的桩，反映曲线的规律性较好，不但能从中得出缺陷存在的信息，而且能确定缺陷的位置。

（2）非全断裂的缺陷桩，如裂缝、缩颈等，其反映曲线的规律性差，判断误差也大。

如何利用动测法预测桩的静承载力，是目前动测法中的难点。这是因为桩土系的情况十分复杂，而且目前还缺乏由动测信息来推断静承载力的理论证明。因此，通常引入动刚度的概念，同时通过一定数量的动、静试验对比，求得其相互间的统计关系，从而实现以动测来推断静承载力的目的。

在低应变下进行的结构完整性检测，原则上并不能直接得到承载力的推断，还需要通过间接的相关关系，这种关系所取的模式与土层条件、土质、施工条件等因素有关。

用动测法预测桩的承载力时，要考虑桩设置后承载力随时间提高的时效现象。另外桩周土又是弹塑性材料，因而动测时不应忽视土阻尼作用，且与桩土间变形量的大小有关。

7.3.2　低应变动测法

低应变动测法通过桩顶振动、小锤敲击或水中放电方法，给桩作用较小能量。作用的荷载远小于桩的使用荷载，不足以使桩产生贯入度，即桩土之间不产生相对位移，是通过应力波沿桩身传播和反射原理进行桩的检验。

低应变动测法确定极限承载力的理论依据不足，误差大，甚至不准确，因此，进行桩的检验时，它主要是判断桩身结构的完整性，例如是否有断桩、缩颈或鼓肚等缺陷。到目前为止，国外还没有用它来确定桩承载力的例子。而国内用低应变方法检验桩时，不单纯检验其缺陷，更主要的是提供承载力信息。

下面主要介绍机械阻抗法、动力参数法和声波透射法的检测原理和方法。

1. 动力参数法

动力参数检测如图 7-11 所示[①]。在进行桩的完整性检测时，采用横向敲桩法，根据振动波形是否单一或有杂波叠加及主频的高低来判断动刚度。动力参数检测法通过竖向敲击桩头，激起桩土体系的竖向自由振动，测得振动频率及桩头振动初速度，根据质量弹簧振动理论推算出单桩动刚度，再进行适当的动静修正，换算成单桩竖向承载力的推算值。

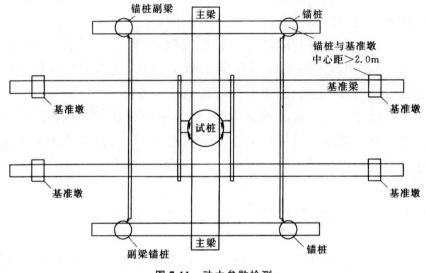

图 7-11　动力参数检测

（1）单桩竖向承载力的推算值确定。动力参数法确定单桩竖向承载力推算值可分为频率-初速度法和频率法。频率-初速度法直接通过实测的振动频率及桩头振动初速度，推算参振的桩土质量，进而确定单桩竖向承载力推算值。而频率法需要首先确定参振的桩土质量，再根据实测频率确定单桩竖向承载力推算值。

---

① 叶建良,汪国香,吴翔,等. 桩基工程[M]. 武汉:中国地质大学出版社,2000.

如图 7-12 所示为质量弹簧体系,则弹簧的刚度 K 公式为

$$K = (2\pi f)^2 m \tag{7-3-1}$$

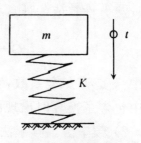

式中: f 为桩基竖向自振频率(Hz); m 为参振桩土折算质量(kN)。将此式作动力修正后可用于桩基计算。

1)频率-初速度法。参振桩土的折算质量 m 为

$$m = 0.452 \frac{(1+\varepsilon)W_0\sqrt{H}}{v_0} \tag{7-3-2}$$

图 7-12　质量弹簧体系模型

式中: H 为穿心锤落距(m); W_0 为穿心锤质量(kg); v_0 为桩头振动初速度(m/s), $v_0 = \alpha A_d$, A_d 为第一次冲击振动波初相位的峰值(mm),如图 7-12 所示; α 为与 f 相应的测试系统灵敏度系数(m·s^{-1}·mm^{-1}); ε 为碰撞系数, $\varepsilon = \sqrt{\dfrac{h}{H}}$; h 为穿心锤回落高度, $h = \dfrac{1}{2}g\left(\dfrac{t}{2}\right)^2$, g 为重力加速度,取 $g = 9.81\text{m/s}^2$; t 为第一次冲击与回弹后第二次冲击的时间,如图 7-13 所示。

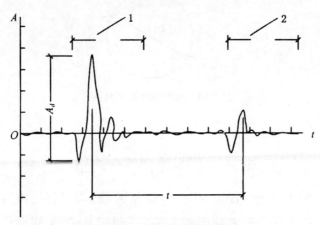

图 7-13　波形记录示意图

1—第一次冲击的振动波形；

2—回弹后第二次冲击的振动波形

将式(7-3-2)代入式(7-3-1)得动刚度,结合动-静实测对比求得动刚度与单桩静极限承载力间的比例关系,最后换算为单桩竖向承载力推算值的计算公式

$$Q = \frac{f^2(1+\varepsilon)W_0\sqrt{H}}{kv_0}\beta_v$$

式中:k 是为安全系数,宜取 2;β_v 为频率-初速度法的调整系数,其中包含了换算时出现的数字系统。

2)频率法。频率法依据摩擦桩桩周土体的振动模式推导而来,所以仅适用于摩擦桩,如图 7-14 所示。

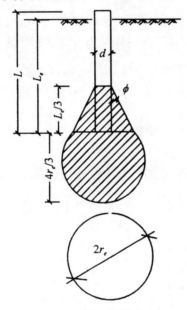

图 7-14　频率法计算示意图

计算公式为

$$Q = \frac{0.00681f^2(G_p+G_e)}{k}\beta_f$$

式中:k 为安全系数,宜取 2;β_f 为调整系数,与仪器性能、冲击能量的大小及成桩方式等多种因素有关,并通过动-静实测对比求得,当桩尖以下土质远较桩侧为强时,β_f 可酌情增加;G_p 为折算后参振桩重(kN),$G_p=\frac{1}{3}AL\gamma_A$,$A$ 为桩的截面积(m^2);L 为桩身全长(m);γ_A

为桩材重度（kN/m³）；G_e 为折算后参振土重（kN），$G_e =$ $\frac{1}{3}\left[\frac{\pi}{9}r_e^2(L_e+16r_e)-\frac{L_e}{3}A\right]\gamma_e$；$r_e$ 为参振土体的扩散半径（m），$r_e =$ $\frac{1}{2}\left(\frac{2L_e}{3}\tan\frac{\varphi}{2}+d\right)$；$\gamma_e$ 为桩身下段 $\frac{L_e}{3}$ 范围内土的重度（kN/m³）；φ 为桩身下段 $\frac{L_e}{3}$ 范围内土的内摩擦角（°）；d 为桩身直径（m）。

（2）桩身缺陷（断桩）的检测。断桩在水平敲击作用下，由于断面不规则，自振波形很不规则，同时，断面的存在导致自振频率降低使得衰减时间延长，据此可以得到断桩敲击动测检验。从波形、频率、振幅及衰减时间的长短，按照实测波形特性，将桩的质量分为三类，如图 7-15 所示。

甲类：波形较规则，频率高，振幅小，而衰减时间短，如图 7-15（a）所示，表明桩身无断裂缺陷。

乙类：波形特性介于甲类和丙类之间，如图 7-15（b）所示，表明桩身无严重的裂缝或稍有轻微缺陷，桩的承载力略低于甲类桩。

丙类：波形不规则，频率低，振幅大，而振动衰减慢，如图 7-15（c）所示，表明桩身在浅处（1～3m）有断裂缺陷。

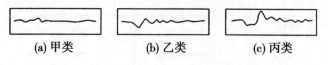

(a) 甲类　　　　(b) 乙类　　　　(c) 丙类

图 7-15　动力参数法桩身质量检测波形实例

2. 机械阻抗法

机械阻抗法通过测定施加给桩的激励函数和桩的动态响应函数来识别桩的动态特性，是一种结构动态分析方法。而桩的动态特性与桩身混凝土的完整性和桩-土相互作用的特性密切相关，因此，通过对桩的动态特性的分析计算，可判断桩身混凝土的浇注质量、缺陷的类型及其位置，同时还可估计桩的承载力。

（1）基本原理。

1）机械阻抗的概念。作用力 F 与由此产生的结构响应 v 之比称为结构系统的机械阻抗 E。

$$E = \frac{F}{v}$$

式中：F 为对结构施加的作用力（kN）；v 为结构的运动速度（也可是其他性质的响应，比如位移或加速度）（m/s）。

机械阻抗的倒数即为机械导纳。系统在动态力作用下的阻抗是以动态力圆频率为自变量的复函数，这就提供了用阻抗或导纳随激振频率变化的图像来研究桩基础动态特性的可能性，从而判别桩的缺陷和承载力。

2）速度导纳、桩的导纳及动刚度。对于一自由的、长度为 L 的等截面圆杆，作用在杆顶一等幅简谐力 $F_0 = F\sin\omega t$，如图 7-16 (a)所示，杆底弹性支承，则速度导纳与频率[图 7-16(b)]以等间隔 Δf 在不同频率发生共振。

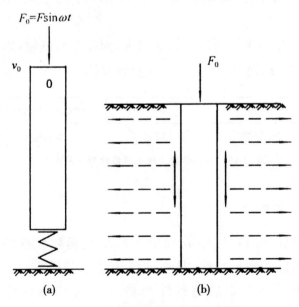

图 7-16 机械阻抗法的桩基计算模型

如果杆底为刚性支承[图 7-17(a)]，则最低共振频率为 $\dfrac{C}{4L}$，为无限压缩性支承[图 7-17(c)]，则在低频率下即引起共振。

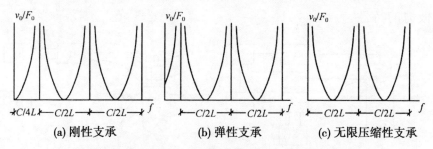

图 7-17 桩基支承在理想地基上的导纳与频率的关系

地基中的桩理想化后与上述系统相近，而能量通过桩周土体消散，如图 7-17(b) 所示，导纳曲线如图 7-18 所示，此时，桩周土体越坚实，桩越长，反映桩底效应的峰值 P 与谷值 Q 由于能量消耗而相差减小。

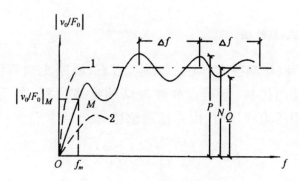

图 7-18 桩的导纳与频率关系曲线图

1—高压缩性支承；2—刚性支承

桩的导纳 N 为

$$N = \sqrt{PQ} = \frac{1}{\rho CA}$$

式中：P 为桩身密度（kg/m³）；A 为桩身横截面积（m²）。

（2）机械阻抗法的测试系统。机械阻抗法根据桩施加的扰力的不同，可分为稳态激振和瞬态激振。不同的激振方法，其测试和分析仪器配置是不同的,如图 7-19(a)和(b)所示,但所测得的桩的动态特性是一致的。其测试项目是速度导纳的频幅特性曲线。因此,不仅要测量桩在动态力作用下的响应,还必须测量激振力的特性。

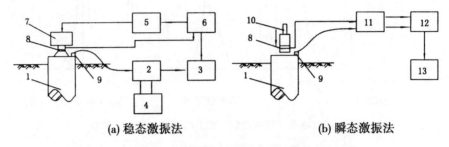

(a) 稳态激振法　　　　　　　(b) 瞬态激振法

图 7-19　机械阻抗测试仪器示意图

1—桩;2—测振放大器;3—X-Y 记录仪;4—跟踪滤波器;

5—功率放大器;6—桩基振动检测仪;7—激振器;8—力传感器;

9—波速传感器;10—力棒、力锤;11—信号采集前端;

12—微型计算机;13—打印设备

3. 声波透射法

(1) 声波检测技术理论。岩体、岩石、混凝土构筑物、木材等介质内声波的传播,是质点弹性振动的传递过程,在无限介质中不考虑体积压力作用时,由弹性理论得

$$C_L = \sqrt{\frac{E}{\rho} \frac{(1-\sigma)}{(1+\sigma)(1-2\sigma)}}$$

$$C_t = \sqrt{\frac{E}{\rho} \frac{1}{2(1+\sigma)}} = \sqrt{\frac{G}{\rho}}$$

式中:C_L、C_t 为介质内声波传播的纵波和横波速度;σ 为介质的泊松比;E 为介质的弹性模量;G 为介质的剪切模量。

在有界体内的声波传播速度,如图 7-20 所示,桩可视为一维杆件,一维杆件中的声速为

$$C_B = \sqrt{\frac{E}{\rho}}$$

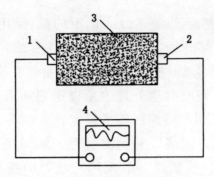

图 7-20　声波检测示意图

1—发射探头(发射换能器);2—接收探头(接收换能器);

3—被测介质;4—声波检测仪

(2) 钻孔灌注桩声波透射检测方法。钻孔灌注桩声波检测方式有双管测量法、单孔测量法和桩外孔测量法。其中,透射法是桩基检测的基本形式,它要求在灌注混凝土前预埋检测管道,其他两种方法在检测结果的分析上较为困难,可作为特殊情况下的补救措施。

1) 声波管的预埋。声波管可采用钢管或塑料管,理论上桩基检测时塑料声波管比钢管声波管接收的信号要强,但塑料管的热变形较大,混凝土硬化后温度降低,塑料管与混凝土之间可能存在空隙,从而引起误判。所以,工程中一般采用钢声波管,内径一般为 50~60mm,宜用螺纹连接,管的下端应封闭,上端应加盖。

声波管在桩的横截面上的布局决定检测的有效截面积和探头的提拉次数,并直接影响检测方式和信号的分析判断。声波管在桩的横截面上的布置一般有三种方式,如图 7-21 所示,图中阴影部分为检测有效区。

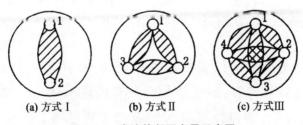

(a) 方式Ⅰ　　　　(b) 方式Ⅱ　　　　(c) 方式Ⅲ

图 7-21　声波管断面布置示意图

　　根据工程实测验证,直径 1m 以下的桩,采用方式Ⅰ,即可基本反映全断面各部分的主要缺陷;直径 1～2.5m 的桩采用方式Ⅱ;对于直径大于 2.5m 的桩则采用方式Ⅲ。在检测内部缺陷时,不平行度的影响,可在数据处理中予以辨别和消除。但在检测混凝土强度时,则必须严格控制不平行度。

　　2) 桩基声波检测装置和检测过程。如图 7-22 所示,在声波管内应注满清水。换能器一般采用柱状径向振动换能器。其共振频率宜为 25～50kHz,长度宜为 20cm,一般装有前置放大器,换能器的水密封性应满足在 1MPa 水压下不漏水。发射换能器的长度、频带宽及水密封性能与接收换能器的要求相同。

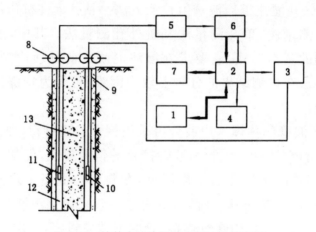

图 7-22　桩基声波检测装置和过程示意图

1—分析评价;2—微电脑;3—发射系统;4—显示器;5—接收放大器;
6—数据采集;7—数据存储;8—升降系统;9—声波管;10—发射探头;
11—接收探头;12—清水;13—桩体

7.3.3　高应变动测法

　　高应变动测方法以重锤敲击桩顶,使桩产生一定的贯入度,然后通过测量和计算,确定桩的质量和极限承载力。常用的方法有:锤击贯入法、动力打桩公式和波动方程法等。波动方程法又有 SMITH 方法、CASE 方法和 CAPWAP 方法。

1. 锤击贯入法

锤击贯入法通过不同落高的重锤,对桩顶施加瞬时锤击力 P_d,使桩产生贯入度,根据实测的 P_d 和相应的累计贯入度关系曲线与同一桩的静荷载试验曲线之间的相似性,通过桩的静、动对比试验结果的相关分析,求出桩的极限承载力。

改进的锤击贯入法结合波动方程法,应用可以反映锤重、落高、锤垫弹簧常数、桩的几何尺寸和物理参数以及土的参数等诸因素的静极限承载力 Q_u 和贯入度 e 的关系曲线。$Q_u\text{-}e$ 曲线是用波动方程和上述诸参数通过电算得到,然后根据实测的锤击力 P_d、相应的落高和锤重以及桩和土的条件,选定一条 $Q_u\text{-}e$ 曲线,最后由实验得到贯入度 e,从该曲线上查得 Q_u。

2. 动力打桩公式

动力打桩公式在能量守恒定律的基础上,利用牛顿撞击定律,实测出桩的贯入度、弹性变形值和桩顶冲击能,然后计算出桩的垂直极限承载力。

3. 波动方程法

波动方程法是将锤-桩-土组成的一个系统用一组质量块、弹簧和阻尼器组成的离散系统来模拟,并用差分方程在计算机上进行计算,求得精确的数值解。应用波动方程法的关键是计算程序,各种程序均有其特点和适用条件。如 WEAP 程序适用于柴油桩锤;PSI 程序能作考虑残余应力的多种分析,对难打的桩的特性作较好的描述,还能按土的非线性变形特性进行模拟轴向荷载试验的计算;CAPWAP 程序则完全根据桩顶处实测的力和加速度计算桩的承载力和阻力分布,可随时根据计算结果与实测值的对比情况,调整输入数和阻力分布,重新计算,直至吻合为止。

现以 CASE 方法为例说明波动方程分析法的基本原理。

一维波动方程基本形式为

$$\frac{\partial^2 u}{\partial t^2} - C^2 \frac{\partial^2 u}{\partial x^2} = 0$$

其通解为

$$u = f(x - Ct) + g(x + Ct)$$

因此,桩上任一点的运动是下行波 $f(x-Ct)$ 和上行波 $g(x+Ct)$ 叠加的结果。则下行波波速和应变为

$$v_{d(t)} = -Cf'(x - Ct)$$

$$\varepsilon_{d(t)} = Cf'(x - Ct)$$

上行波波速和应变为

$$v_{u(t)} = Cg'(x + Ct)$$

$$\varepsilon_{u(t)} = g'(x + Ct)$$

相应产生的力为

$$F_{d(t)} = v_{d(t)} \frac{AE}{C}$$

$$F_{u(t)} = -v_{u(t)} \frac{AE}{C}$$

实测的力和速度为

$$F(t) = F_{d(t)} + F_{u(t)}$$

$$v(t) = v_{d(t)} + v_{u(t)}$$

CASE 法测量的是桩上某点的合成速度和应力波。

CASE 法使用的传感器为加速度计,用来测量桩头加速度;应变传感器用来测量锤击应力波,应力波和速度波曲线如图 7-23 所示。其中,加速度信号经过积分后变为速度随时间变化的曲线,乘以桩的阻抗 $\frac{AE}{C}$ 即可得到测量截面的合成应力波曲线;而由应变传感器测量的应变乘以桩的弹性模量 E 和截面积 A,可得到锤击力波曲线,即 $F(t) = AE\varepsilon$。

(1)根据实测桩顶力和速度计算锤击阻力。锤击力是指打击桩头时土对桩体产生的最大阻力,锤击阻力包括静阻力和动阻力两部分,即

$$R = R_s + R_d$$

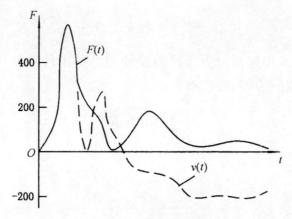

图 7-23　应力波和速度波曲线

式中：R_s 是伴随土的弹性变形和塑性滑移产生的，称为静阻力；R_d 是由于桩的运动引起的最大阻尼力，与桩的质点速度和土层性质有关。如果根据实测数据求出 R 和 R_d，就可以得到桩的静阻力，从而达到判断桩的承载力的目的。

（2）确定最大阻尼力。求得锤击阻力后，还需要求出最大阻尼力，才能求出静阻力 R_s，也即桩的极限承载力。

根据实验观测和理论分析，阻尼主要集中于桩尖附近。假定最大阻尼力与桩尖速度成正比，由于桩的速度衰减很快，计算最大阻尼力的时间只能在第一个 $2L/C$ 周期内。

对于两端自由的桩，桩顶传来的质点速度波到桩尖由于反射作用，在 $L/C{\leqslant}t{\leqslant}3L/C$ 时，速度为

$$v_B(t) = 2v_t\left(t - \frac{L}{C}\right)$$

式中：$v_B(t)$ 为桩尖速度；v_t 为桩顶速度。

而由土反力 R_i 引起的向下传播的波产生质点速度，当 $L/C{\leqslant}t{\leqslant}3L/C$ 时，传到桩尖后经反射为

$$v_{Bi}(t) = -\frac{C}{AE}R_i\left(t - \frac{x_i}{C}\right) = -\frac{C}{AE}R_i$$

在撞击的开始阶段，桩顶速度出现一个最大值，该时刻即为撞击时刻，记为 $t = t_{\max}$，之后随着时间逐渐衰减，经过 L/C 时间，在桩尖出现一个相应的最大值为

$$v_{B,\max}\left(t_{\max}+\frac{L}{C}\right)=2v_t(t_{\max})-\frac{C}{AE}\sum_{i=1}^{n}R_i$$

右端对 R_i 求和包括向下传播的拉伸波。向上传播的压缩波对桩尖的速度效应为零,所以有

$$\sum_{i=1}^{n}R_i=R$$

即

$$v_{B,\max}=2v_{t,\max}-\frac{C}{AE}R$$

因此,最大阻尼力为

$$R_d=J_c\frac{AE}{C}v_{B,\max}=J_c\big[2F_t(t_{\max})-R\big]$$

其中,J_c 是阻尼系数,为无量纲系数。有了实测的力和速度随时间的变化函数以及 J_c,就可以算出最大阻尼力。

根据锤击阻力 R 和最大阻尼力 R_d,可得极限承载力为

$$Q_u=R-J_c(2F_{\max}-R)$$

（3）桩身质量的检验。某桩在距桩顶 x_i 处有破损,使截面削弱,桩的原截面为 A,削弱后的截面为 A'。锤击后 $2x_i/C$ 时间,从该截面反射回来的波正好回到桩顶,桩顶速度由三部分组成。

1）锤击力 $F(t)$。

$$v_{F(t)}=\frac{C}{AE}F(t)$$

2）x_i 截面以上土反力。

$$v_{R(t)}=-\frac{C}{AE}\Delta R$$

式中:ΔR 为截面 x_i 以上桩段受的土反力之和。

3）削弱截面的反射效应。设桩顶锤击力的最大值为 $F_{\max}$,经过时间 x_c/C 传到截面 x_i,此时截面 x_i 已有土反力 ΔR,方向与 $F_{\max}$ 相反。则作用于截面 x_i 上的合力为

$$F_i=F_{\max}-\Delta R$$

F_i 在通过变截面 x_i 时,分为透射和反射两部分。透射波的幅值为入射波的 $2A'/(A+A')$ 倍;当 $A'<A$ 时,反射的幅值为入射波

的 $-(A-A')/(A'+A)$ 倍,所以,变截面产生向上反射力 F_r 为

$$F_r = (F_{max} - \Delta R)(A - A')/(A' + A)$$

由 F_r 引起的桩顶速度增量为

$$\Delta v_{(t)} = \frac{2C}{AE}(F_{max} - \Delta R)\frac{(A - A')}{(A' + A)}$$

经过变换后可得

$$\frac{\Delta u}{2(F_{max} - \Delta R)} = \frac{1 - \beta}{1 + \beta}$$

式中: $\Delta u = v\dfrac{AE}{C} - F - \Delta R$; $\beta = \dfrac{A'}{A}$。

由实测得 F 和 v,代入上式就可以求出 β。利用 β 可进行桩身质量判断: $\beta = 1.0$,无破损; $\beta = 0.8 \sim 1.0$,轻微破损; $\beta = 0.6 \sim 0.8$,破损; $\beta < 0.6$,折断。

7.4　桩基完整性检测

7.4.1　声脉冲反射波法

声脉冲反射波法在桩顶激发出一声脉冲后,利用安装在桩顶的加速度计接收反射波信号。

声脉冲反射波法的原理是桩身中的缺陷引起波阻抗的改变,通过反射波信号识别缺陷出现的位置、缺陷的类型及其严重程度等。因此,桩顶激发的入射的声脉冲在桩身中传播时,应保持常速度及波形不发生畸变,即要求声脉冲在传播时不发生弥散。这里考察两个引起杆中波弥散的主要根源,一是横向惯性效应,二是横截面的变化。下面分别讨论这两种情况。

当考虑杆横截面的横向惯性效应时,由运动方程获得波速表达式,即

$$\bar{c} = \frac{1}{(1 + \bar{\gamma}^2)^{1/2}}$$

式中：$\bar{c}$ 为标准化相速，$\bar{c} = c/c_0$，c 是相速，$c_0 = \sqrt{\dfrac{E}{\rho}}$；$\bar{\gamma}$ 为标准化波数，$\bar{\gamma} = kv\gamma$，γ 是波数，$\gamma = 2\pi/\lambda$，λ 为波长。

波的传播速度与波长 λ 相关。也就是说，当一个声脉冲在杆中传播时，它的具有不同波长的 Fourier 分量将以不同的速度传播，造成波形畸变。当波长充分大时，标准化相速 $\bar{c} \approx 1$，即 $c \approx c_0$，波的传播速度与波长无关，仅为杆材料常数的函数。因此，为保证声脉冲在桩中传播时不发生弥散，应使其波长充分大，如取 $\bar{\gamma} = 0.3$ 为满足近似等式 $\bar{c} \approx 1$ 的波数极限值。

假设一圆形截面的桩直径为 0.6m，桩身混凝土的泊松比 $\nu = 0.25$，波的传播速度 $c_0 = \sqrt{\dfrac{E}{\rho}} = 3.5 \times 10^3 \, \text{m/s}$，截面的回转半径为 $k = D/2\sqrt{2}$（D 为桩的直径）。由于

$$\bar{\gamma} = kv\gamma = 2kv\pi/\lambda$$

令 $\bar{\gamma} = 0.3$，可得波长的极限

$$\lambda = 2kv\pi/\bar{\gamma} = 1.11\text{m}$$

也就是说，入射波的波长大于 1.11m 时，才能近似认为波在桩中传播时不出现弥散现象。

若近似取声脉冲持续时间 t_d 的一半为波的极限周期 T，则有 $t_d = 2\lambda/c_0$。代入得到 $t_d = 0.63 \times 10^{-3}$ s。这表明，当声脉冲持续时间大于 0.63×10^{-3} s 时，不出现弥散。

如图 7-24 显示了不同持续时间的声脉冲在桩中传播及反射的情况。图中的曲线是由三种不同质量的锤子敲击桩头所激发的声脉冲在桩顶的速度响应曲线。锤的质量分别为 0.9kg、0.45kg 和 0.22kg。试验桩为钻孔灌注桩，桩长为 6.1m，直径为 500mm，在 4m 深处有一个缺陷。

比较三条曲线可知，锤的质量越大，激发的脉冲宽度越大。宽度最窄的脉冲曲线除了具有由 4m 缺陷引起的明显的反射波外，还带有许多细小的波动。它们显示了桩身中存在的细小缺陷。相比之下，另外两条曲线就比较平滑，这意味着它们的分辨

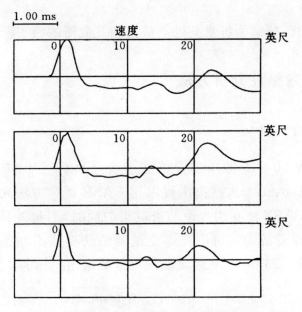

图 7-24　不同锤重的手锤所激发的桩顶速度随时间的
变化曲线(1 英尺≈305mm)

能力较低。因此,在低应变试验中,可以使用小锤检测桩身上部
的细小缺陷,而用较大的锤激发出桩尖的反射波。

然而桩中存在的缺陷并不是发生在一个截面上,横截面的减
小有个渐变的过程。严格地说,这时波动方程已不适用了,波的
传播应满足变截面杆的控制方程

$$A \frac{\partial \sigma}{\partial x} + \sigma \frac{\mathrm{d}A}{\mathrm{d}x} = \rho A \frac{\partial^2 u}{\partial t^2}$$

式中:A 是杆的横截面面积。

在截面缓慢连续变化的杆中传播的纵波,会发生波的弥散,
但不产生反射波。

为了定量地描述桩身中出现的缺陷,Rausche 和 Gouble 引入
了完整性因子 β,其表达式为

$$\beta = I_2 / I_1$$

式中:I_1、I_2 分别为桩的某一截面上部和下部的波阻抗。

当桩的材料性质未改变,仅是横截面面积变化时,有

$$\beta = A_2/A_1$$

式中:A_1、A_2 分别为桩身某处上截面和下截面的面积。

7.4.2 完整性分析方法

1. PITWAP 法

PITWAP 法起源于确定单桩承载力的 CAPWAP 法。早在 1979 年,Raushe 等人就提出可以用 CASE 试验方法来检测桩的完整性。CASE 法在用大锤冲击桩头的同时,测量桩顶的加速度和截面上承受的力。可用高应变试验法获得压力和速度的测量曲线,如图 7-25 所示,从速度曲线可以确定出损坏的位置。

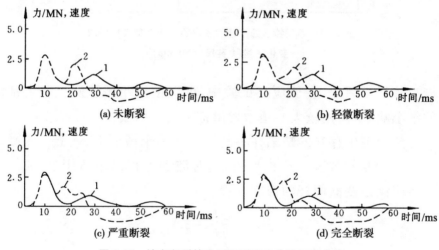

图 7-25 桩身断裂情况下实测速度曲线和力曲线

1—力曲线;2—速度曲线

打入桩会由于冲击荷载过大或偏心造成桩身断裂,反复冲击而引起原桩身中微小裂纹的扩展,当桩尖遇到基岩和软土层时会激发出较强的反射压力波和拉伸波,因此打入桩中的缺陷常为断裂。由于打入桩为预制桩,一般桩身材料引起的缺陷比较少见。根据断裂的严重程度,断裂可分为轻微断裂、严重断裂和完全断裂。

　　CAPWAP 法以高应变试验中测得的桩顶力或速度为输入数据,通过迭代的方法计算出土的阻力,也可计算桩身中缺陷处波阻抗的变化。然而在缺陷处,波阻抗改变引起的反射波往往与土阻力所激发的上行波叠加在一起,因此,要想确定反射波必须扣除土阻力的影响。而土阻力也是未知的,为此只能参考邻近桩的土阻力模型。

　　而土的模型不能精确地知道,这为计算结果带来严重的影响。PITWAP 法是以桩顶力为边界条件,参考邻近桩的土性参数求解波动方程,计算出桩顶速度响应。由于 PITWAP 法对已知土阻力参数计算波阻抗分布是比较快的,因此,可以考察多种土阻力模型对计算结果的影响,以便获得最佳的结果。

　　Raushe 等人运用 PITWAP 法对桩身中可能出现的各种类型的缺陷、土阻力的分布和缺陷严重程度进行了计算分析,获得了低应变分类图例,如图 7-26 和图 7-27 所示。

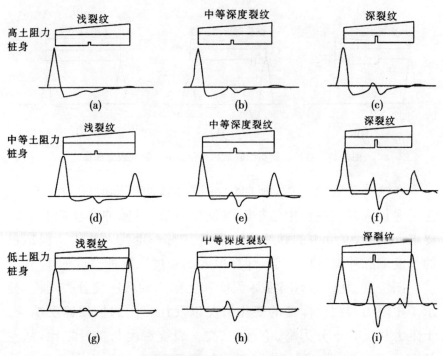

图 7-26　对于不同损坏程度和土阻力的低应变分类

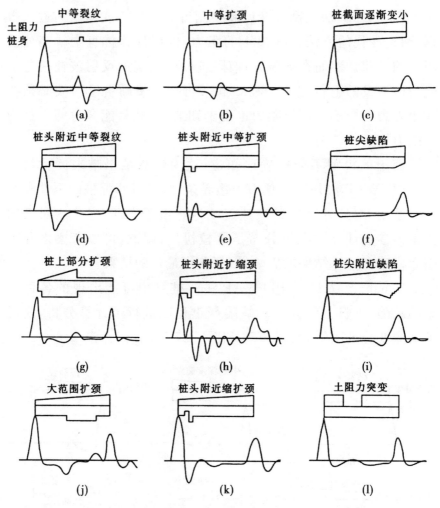

图 7-27 各种不同类型缺陷和土阻力分布的低应变模拟

在这些数值模拟中,施加的桩顶力脉冲持续时间为 0.6ms。为了保证入射波在桩中传播时不发生弥散,对脉冲宽度应有一定要求。此时,0.6ms 的脉冲宽度还是具有一定代表性的。模拟桩的长度取脉冲宽度的 6 倍,计算单元的长度取脉冲宽度的 1/8。

图 7-26 为对于不同损坏程度和土阻力的低应变分类图例,显示了土阻力和裂纹深度的变化情况以及计算出的桩顶速度响应。土阻力从上到下分为高、中、低三类。裂纹深度与桩径之比,从左到右分别为 24%、49% 和 70%。如图 7-27 所示为不同类型缺陷

和土阻力分布的低应变模拟,其中,土阻力均属中等水平,除(g)和(l)外,其他的都是从桩头到桩尖线性增加的。图中描绘了各种不同缺陷,除横截面减小的情况外,还有横截面增大、横截面减小与增大的联合、横截面逐渐减小、不同长度和位置的横截面增大或减小等情况。其中,横截面变化的长度取脉冲宽度的1/6、1/3、2/3、4/3 和 3 倍。

图 7-26 和 7-27 非常直观地显示了桩横截面或波阻抗的变化引起的桩头速度响应。由于波阻抗的减小将引起反射的拉伸波,且其质点速度方向与入射波一致。而当波阻抗增加时产生反射压缩波,其质点速度方向与入射波的相反。图中的速度曲线清楚地显示出,当一裂纹出现时,桩顶反射波形表现为正-负循环,且随着裂纹深度的增加,也就是波阻抗的减小,反射脉冲峰值增高。对横截面的增大,波形呈现负-正的循环。

2. 瞬态机械阻抗法

用于桩完整性检测的机械阻抗法分为两类:稳态机械阻抗法和瞬态机械阻抗法。稳态机械阻抗法在固定的频率下对机械进行激励,它有两种激振方法。

(1)正弦线性步进扫频激励,在试验所要求的频率变化范围内,按一定的频率间隔逐个频率激励。

(2)正弦线性连续扫频激励,激振的频率随时间增加而线性地连续增加。

瞬间机械阻抗法利用落锤或手锤冲桩头。将加速度计放置在靠桩顶的边缘处,用来测量桩顶的加速度响应。压力传感器放置在锤头和被冲击的桩顶中心之间,用来测量施加的激振力。同时通过改变锤重和调换缓冲垫来调整冲击力的大小和作用时间,以获得适当的激振力谱。

机械阻抗法通过数值积分将测得的桩顶加速度随时间的变化曲线积分成速度曲线。然后利用快速 Fourier 变换(简称 FFT)算法将激振力和速度曲线表示成它们的频率谱。用力的谱除速度谱得到导纳幅频曲线,它的倒数即是机械阻抗。

激振力的频谱主要取决于冲击力对机械的作用时间,而作用时间主要与锤重和垫层波阻抗相关。因此,最高频率可以近似用作用时间表示为

$$f_{\max} \approx \frac{2}{t_{\mathrm{d}}}$$

式中:$f_{\max}$最高频率,即频谱的宽度;t_{d}为冲击力的作用时间。作用时间越短,冲击力的频谱宽度越大。导纳曲线的频率范围一般为 $500 \sim 1000 \mathrm{Hz}$。

在瞬态机械阻抗法中,通过对桩的导纳幅频曲线分析来识别缺陷的存在及可能的类型。图 7-28[①] 中显示了距桩头 3.01m 处带有缺陷的试验桩用瞬态机械阻抗法获得的导纳曲线。该导纳曲线反映了桩-土系统的动力特性。

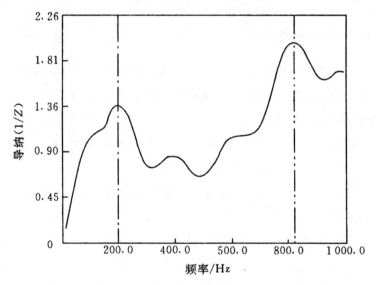

图 7-28　低应变试验桩的导纳曲线

瞬态机械阻抗法是在频率域中进行的,作为有别于时间域分析的一种分析途径,在桩基完整性检测中频域分析和时域分析同

---

① 王靖涛,丁美英,李国成.桩基础设计与检测[M].武汉:华中科技大学出版社,2005.

时进行,可获得更加可靠的检测结论。

7.4.3 WANG-PIP 法

王靖涛于 1992 年提出桩完整性定量分析方法——WANG-PIP 法,该方法的理论基础是波传播反演问题理论。

1. 波阻抗的反演

为了求解的方便,波动方程经过一系列变换,转化为一阶双曲型方程组

$$\begin{cases} \dfrac{\partial p}{\partial y} + \xi \dfrac{\partial v}{\partial t} = 0 \\ \dfrac{\partial p}{\partial t} + \xi \dfrac{\partial v}{\partial y} = 0 \end{cases}, t \in (0, T), y \in \left(0, \dfrac{T}{2}\right)$$

边界条件为

$$\begin{cases} p(0, t) = F(t) \\ v(0, t) = V(t) \end{cases}$$

初始条件为

$$\begin{cases} p(y, 0) = 0 \\ v(y, 0) = 0 \end{cases}$$

式中:p 为作用在桩截面上的力;v 为质点速度;ξ 为波阻抗;t 为时间;y 为波沿桩传播的旅行时间;T 为波从桩头传播到桩尖所需时间的 2 倍。

声波检测桩中缺陷的物理基础是缺陷处波阻抗的变化引发了反射波。若要确定缺陷的位置和严重程度,就需要对方程中的系数 ξ(波阻抗)进行反演。

然而,在低应变试验中,仅测量了桩顶的方程的质点速度,在边界条件式中缺少第一条件,$p(0, t) = F(t)$。这样,这个系数反演就变成了"欠定"问题。

解决这个"欠定"问题的途径有两种。一种是类似 PITWAP 法,假设一个力的边界条件,首先对波阻抗沿桩身的变化赋予一

系列初始值,然后求解波动方程,计算出桩顶的速度响应曲线。另一种是根据应力波理论分析,给出一个近似的力的边界条件。对于这个给定的力的边界条件和实测的桩顶点速度曲线,直接对波阻抗 ξ 进行反演。

在 WANG-PIP 法中采用了第二种途径。由于是直接反演,整个计算时间很短,可以对低应变试验结果进行现场实时处理。同时,给定的力的边界条件是有理论依据的,故计算精度比较高。

对于土阻力的影响,存在以下两种情况。

(1) 由于低应变试验中输入到桩头的能量很小,激发出的土阻力较小,且变化比较缓慢。在这种情况下,土阻力对缓慢的缩颈或混凝土离析引发的反射波干扰的影响相对比较大,而对断裂或桩截面剧烈变化引发的反射波波形所造成的畸变的影响相对比较小。这时,桩完整性分析中可以忽略后者。

(2) 对于高土阻力和土阻力变化快的情况,必须考虑土阻力的影响。这时可利用邻近桩的土阻力模型,在桩顶速度的计算中扣除土阻力的干扰。

在计算出缺陷处波阻抗的变化后,即可确定出桩完整性因子 β。利用 Rausche 和 Goble 提出的桩完整性分类方法,可以对桩进行分类,为工程处理提供依据。该方法输入低应变试验测得的桩顶速度响应数据,获得了定量的分析结论。同时它计算迅速,保持了低应变法快速、成本低的优点。

2. 试验验证

为检验 WANG-PIP 法的正确性及计算精度,进行了大量的试验对比。现给出 5 根试验桩的结果。试验桩中的裂纹都是人工制造的,根据断裂处的横截面面积 A 与桩原横截面面积 A_0 之比值 A/A_0 的不同,测定在试验桩顶部的质点速度曲线,测得的结果如图 7-29～图 7-33 所示。实测的是加速度曲线,通过数值积分获得速度曲线。此外,图中还标出了缺陷发生的位置。

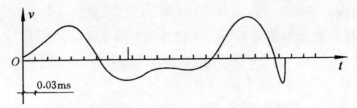

图 7-29　$A/A_0 = 78\%$ 的桩中断裂反射波

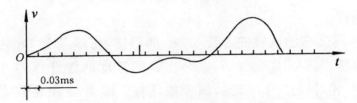

图 7-30　$A/A_0 = 68\%$ 的桩中断裂反射波

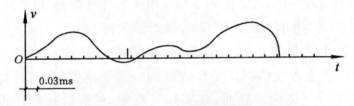

图 7-31　$A/A_0 = 58\%$ 的桩中断裂反射波

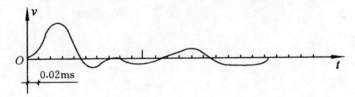

图 7-32　$A/A_0 = 71.5\%$ 的桩中断裂反射波

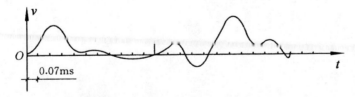

图 7-33　$A/A_0 = 53\%$ 的桩中断裂反射波

在图 7-29 中,断裂处实测的 A/A_0 值是 78%,根据桩顶速度响应曲线,使用 WANG-PIP 法计算得到的相应的计算值是 74%,

其相对误差为 5.1％。同样的,在图 7-30 中,断裂处的 A/A_0 值是 68％,相应的计算值是 63％,其相对误差为 7.4％。在图 7-31 中,断裂处的 A/A_0 值是 58％,相应的计算值为 56％,其相对误差是 3.5％。

以上三根桩都是混凝土桩,其中前两根桩的 β 值均在 0.6～0.8 之间,故被确定为损坏的桩;第三根桩的 β 值低于 0.6,故属于破裂桩。

图 7-32 中的试验桩为长 3.5m 的铝棒,在端点 1.6m 处锯了一个深槽,其 A/A_0 值为 71.5％。根据速度曲线计算的 β 值为 0.72,其相对误差为 0.7％,属于损坏桩。图 7-33 中是较大的钢筋混凝土试验桩,长 4m,横截面面积为 20cm×20cm,预制的断裂深度是 10cm。其 A/A_0 值为 53％,相应的计算值是 53.5％,相对误差为 1％。由于 β 值低于 0.6,属于破裂桩。

从以上定量分析的结果来看,WANG-PIP 法对桩身中断裂处损坏的严重程度估算还是比较好的。对于模型试验,计算的相对误差在 10％以内。然而,在实际工程中,桩身的损坏严重程度会由于各种因素的干扰误差显著增大。

参考文献

[1] 姚笑青. 桩基设计与计算[M]. 北京:机械工业出版社, 2015.

[2] 龚晓南. 桩基工程手册[M]. 北京:中国建筑工业出版社, 2016.

[3] 刘明维. 桩基工程[M]. 北京:中国水利水电出版社, 2015.

[4] 穆保岗. 桩基工程[M]. 南京:东南大学出版社, 2009.

[5] 李德庆, 李澄宇, 李澄海. 桩基工程质量的诊断技术:方法、原理及应用实例[M]. 北京:中国建筑工业出版社, 2009.

[6] 姜晨光. 桩基工程理论与实践[M]. 北京:化学工业出版社, 2010.

[7] 陈建荣, 高飞. 现代桩基工程试验与检测[M]. 上海:上海科学技术出版社, 2011.

[8] 王成. 桩基计算理论及实例[M]. 北京:西南交通大学出版社, 2011.

[9] 高彩琼, 武树春. 基坑支护与桩基工程资料管理及组卷范本[M]. 北京:中国建筑工业出版社, 2007.

[10] 杨克己, 实用桩基工程[M]. 北京:人民交通出版社, 2004.

[11] 史佩栋. 桩基工程手册:桩和桩基础手册[M]. 北京:人民交通出版社, 2015.

[12] 李德庆, 李澄宇, 李澄海. 桩基工程质量的诊断技术[M]. 北京:中国建筑工业出版社, 2009.

[13] 王景军. 桩基支护与降水工程[M]. 哈尔滨:黑龙江科学技术出版社, 2012.

[14] 叶建良,汪国香,吴翔,等 . 桩基工程[M]. 武汉:中国地质大学出版社,2000.

[15] 刘利民,舒翔,熊巨华 . 桩基工程的理论进展与工程实践[M]. 北京:中国建材工业出版社,2002.

[16] 刘金砺 . 桩基工程技术进展[M]. 北京:知识产权出版社,2005.

[17] 王靖涛 . 桩基础设计与检测[M]. 武汉:华中科技大学出版社,2005.

[18] 张忠苗 . 桩基工程[M]. 北京:中国建筑工业出版社,2007.

[19] 赵明华 . 桥梁桩基计算与检测[M]. 北京:人民交通出版社,2000.

[20] 隆永胜 . 关于建筑桩基础工程施工技术与施工计算的探析[J]. 装饰装修天地,2016(9):287.

[21] 赖琼华 . 桩基沉降实用计算方法[J]. 岩石力学与工程学报,2004,23(6):1015-1019.

[22] 宰金珉 . 复合桩基沉降计算方法研究[J]. 南京建筑工程学院学报(自然科学版),2001(4):1-14.

[23] 张瑞玉,钟业锋 . 桩基水平承载力计算方法[J]. 珠江水运,2017(11):95-96.

[24] 戚炜 . 单桩沉降变形与承载力的关系研究[D]. 西安:长安大学,2004.

[25] 李文慧,李法尧 . 单桩极限承载力与管桩的弹性压缩变形[J]. 混凝土与水泥制品,2014(7):37-40.

[26] 王惠昌 . 由静力触探试验资料预估单桩的荷载——沉降关系及承载力[J]. 四川建筑科学研究,1996(3):40-48.

[27] 李潘武 . 单桩的沉降计算与承载力的预估[D]. 重庆:重庆建筑大学,重庆大学,1994.

[28] 瞿书舟,高志伟,唐天国 . 竖向静载下群桩承载力及变形分析[J]. 建筑结构,2017(s1):1054-1058.

[29] 王建华,陈树林,唐建新 . 桩侧土软化时群桩变形研究[J].

上海交通大学学报,1998(11):102-104.

[30] 陈乐求,杨恒山. 低承台小群桩共同作用诱发变形特征[J]. 中南大学学报(自然科学版),2010,41(6):2386-2392.

[31] 宰金珉. 复合桩基沉降计算的最终应力法及其应用[J]. 土木工程学报,2002,35(2):61-69.

[32] 赵明华,邹丹,邹新军. 基于荷载传递法的高承台桩基沉降计算方法研究[J]. 岩石力学与工程学报,2005,24(13):2310-2314.

[33] 李忠诚,杨敏. 考虑桩土相对滑移的桩基沉降计算[J]. 结构工程师,2005,21(5):53-56.

[34] 喻君. 改进的荷载传递法在桩基沉降计算中的应用研究[D]. 杭州:浙江大学,2007.

[35] 邹丹. 基于荷载传递法的桩基沉降计算方法研究[D]. 长沙:湖南大学,2005.

[36] 谢刚年. 桩基沉降计算方法的对比探讨与桩基的优化设计[J]. 石油化工建设,2006,28(2):56-58.

[37] 陆培炎. 桩基设计方法[C]//陆培炎科技著作及论文选集. 2006:375-388.

[38] 蒋刚,宰金珉,陈国兴,等. 复合桩基设计与沉降分析[J]. 岩土力学,2003,24(3):405-409.

[39] 郑刚,顾晓鲁. 复合桩基设计若干问题分析[J]. 建筑结构学报,2000,21(5):75-79.

[40] 肖学红,彭卫平. 桩基设计参数分析与计算[J]. 地下空间与工程学报,2001,21(s1):564-569.

[41] 赵尧良. 浅谈桩基施工技术设计与施工控制[J]. 中国新技术新产品,2011(3):225-225.

[42] 唐世栋,杨卫东,王永兴. 软土地基中桩基施工时的挤压力影响[J]. 同济大学学报(自然科学版),2004,32(5):570-574.

[43] 陈启魁,吉林涛. 浅谈几种桩基检测技术在建筑工程中的应

用[J]. 河南科技,2013(13):147-148.

[44] 高燕红. 浅谈桩基检测技术及其展望[J]. 甘肃科技,2010, 26(7):127-129.

[45] 吴绵拔. 桩基检测概述[J]. 土工基础,2001,15(3):2-8.

[46] 张树鹏. 桩基检测技术的现状与发展[J]. 铁道标准设计, 2000,20(6):79-81.

[47] 朱喜源,黄文通. 桩基检测方法与发展浅谈[J]. 山西建筑, 2007,33(20):129-130.

[48] 杨绍富. 浅谈桩基检测技术的发展和应用[J]. 科技创新导报,2011(17):36-36.

[49] 李大展. 桩基检测工作中存在的若干问题及建议[J]. 地质装备,2003,4(3):17-18.

[50] 刘冀. 桩基检测技术的综合应用[D]. 长沙:中南大学, 2011.

[51] 张国东,孙申基. 桩基检测及新技术的开发应用[J]. 甘肃科技,2010,26(2):151-153.